公害防止管理者等国家試験

大気概論

重要ポイント＆精選問題集

産業環境管理協会 編著

一般社団法人 産業環境管理協会

はじめに

　本書は、公害防止管理者等国家試験を受験する方を対象に、大気関係第1種〜第4種、特定粉じん関係、一般粉じん関係の共通科目である「大気概論」について、試験の重要ポイントを理解していただくことを目的としています。

　公害防止管理者等国家試験は、「公害防止管理者等資格認定講習用」に使用されているテキスト『新・公害防止の技術と法規』（発行・産業環境管理協会）からの出題がほとんどですが、当テキストは非常にページ数が多く、記述内容も幅広いため、学習のポイントがつかめないという難点があることは否めません。また、記述されている内容と実際の試験問題がどのようにかかわり合っているかを読み解くにはかなりの労力と時間が必要になると思われます。

　そこで本書は、各試験科目の出題されるポイントを厳選し、それに関連する過去問を解くことで国家試験対策に必要な知識を身につけられるように構成されています。

　『新・公害防止の技術と法規』を読み込むのに時間的余裕がない場合、受験対策に必要なポイントをまず知りたい場合など、なるべく労力と時間をかけずに受験対策を行いたい方を対象としています。

　本書が、公害防止管理者等国家試験の受験を目指している方々の必携書になれば幸甚です。

2023 年6月
一般社団法人 産業環境管理協会

各節の構成　各章はいくつかの節に分かれています。各節には次のような要素があります。

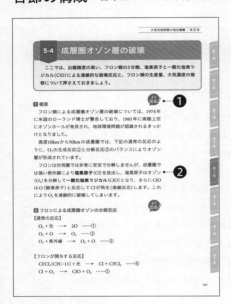

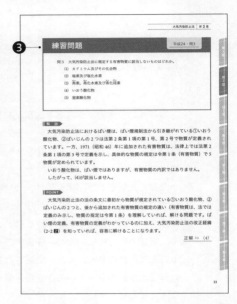

①

① よく出る！

よく出題される項目です。確実に点数を重ねるためには、出題頻度が高い項目を重点的に学習しましょう。

② 太い文字

重要な語句は太字になっています。

③ 練習問題

実際に出題された過去問で知識のチェックを行います。右上に出題年度と問番号が記されています。

④ ポイント

押さえておきたい重点ポイントです。受験にあたって、どこを中心に覚えておけばよいかを示しています。

▶ 公害防止管理者の試験について

　公害発生施設には有資格者である公害防止管理者の選任が義務づけられています。この資格は年1回（10月の第一日曜日）全国で行われる国家試験に合格することで得られます※。また合格率はおおむね20％前後で、難易度の高い国家試験といえます。

※書類審査を経て規定の講習を受講し、かつ、修了試験に合格することで、国家試験に合格した場合と同等の資格が付与される制度もあります。

国家試験の詳細：https://www.jemai.or.jp/polconman/examination/index.html

▶ 試験科目・問題数・試験時間・合格基準

　大気概論は、大気関係（第1種〜第4種）、特定粉じん関係、一般粉じん関係の公害防止管理者試験の共通科目です。ほかの大気関係の試験科目（大気特論、ばいじん・粉じん特論、大気有害物質特論、大規模大気特論）の基礎となる科目であり、大気汚染に関する全般的な知識が問われます。

　1問につき約3分の試験時間が割り当てられ、合格基準は60％以上とされています。

試験科目	問題数	試験時間	合格基準
大気概論	10問	35分	60％以上

※合格基準は年度によって変動することがあります。

▶ 学習のための関連資料

● 「新・公害防止の技術と法規」（毎年1月発行／産業環境管理協会）
　公害防止管理者等資格認定講習用テキスト
● 「正解とヒント」（毎年4月発行／産業環境管理協会）
　過去5年分の国家試験の正解と解答のポイントを解説
● 「環境・循環型社会・生物多様性白書」（毎年発行／環境省）
　環境省が発行する白書で最新の情報を確認。インターネットで公開されている。
● 国家試験　問題と正解（解説はありません）
　過去の問題と正解がインターネットで公開されている。
　https://www.jemai.or.jp/polconman/examination/past.html

目　次

大気概論

大気概論

「大気概論」という科目は、大気関係公害防止管理者にとって基本的な知識を学ぶ科目です。試験範囲は、大気汚染防止法の規制内容や大気関係公害防止管理者の役割、そして大気汚染に関する概要や現状が中心になります。大気特論などの技術的な内容の科目を学ぶうえで前提となる知識を得るための科目といえます。

📖 出題分析と学習方法

まずはどこにポイントを置いて学習すればよいかを理解しておきましょう。広い試験範囲のなかで、合格ラインといわれる60%の正答率を得るためには、出題傾向に応じた学習方法が重要になります。

▶ 出題数と内訳

大気概論の出題数は全10問で、過去5年分の内訳は下表のとおりです。

試験科目の範囲	出題数				
	平成30年	令和元年	令和2年	令和3年	令和4年
大気汚染防止対策のための法規制	4	4	6	4	4
大気汚染の現状	2	3	1	1	2
大気汚染の発生機構	2	3	2	4	3
大気汚染による影響	2	0	1	1	1
国又は地方公共団体の防止対策	0	0	0	0	0
出題数計	10				

▶ 合格のための学習ポイント

- 上表中の「大気汚染防止対策のための法規制」とは、具体的には**大気環境基準**(第1章)、**大気汚染防止法**(第2章)、**公害防止管理者法(大気関係)**(第3章)の内容です。環境基準では公害総論よりも細かい内容が問われます。大気汚染防止法は範囲が広いですが、事業者に直接関係する法律のため出題数も多くなっています。公害防止管理者法では、毎年同じような問題が出題されます。

- **大気汚染の現状**(第4章)とは、具体的には環境基準等の達成状況の内容です。国が公表する全国の大気汚染状況の調査結果から出題されます。

- **大気汚染物質の発生機構**(第5章)では、光化学オキシダント、成層圏オゾン層破壊、地球温暖化の3分野が出題頻度が高い傾向にあります。酸性雨の発生機構も押さえておきましょう。

- **大気汚染物質の発生源**(第6章)では、ばい煙(SO_x、ばいじん、有害物質)、VOC、水銀等、粒子状物質(SPM、$PM_{2.5}$)、有害大気汚染物質などの大気汚染物質と、発生源となる施設の組み合わせに関する出題頻度が特に高くなっています。

- **大気汚染による影響**(第7章)では、人への健康影響と植物への影響を中心に、ポイントを絞って学習しておきましょう。

- **地方公共団体の施策**(第8章)では、ばい煙発生施設等の届出状況について押さえておきましょう。

第1章

大気環境基準

1-1 大気関係各種法規制

　大気関係の法規制は、環境基本法を頂点に、大気汚染防止法など個別の規制法が定められています。ここでは、大気関係の規制法の体系を、ざっと理解しておきましょう。

1 大気関係各種法規制

　環境基本法は、環境政策の基本的方向を示し、環境の保全についての基本理念を定めています。これに基づき、環境の保全に関する総合的・長期的な施策の大綱を定める**環境基本計画**※を策定することとされています。

※：環境基本計画
環境基本計画は、1994（平成6）年12月に策定公表され、その後概ね6年ごとに見直され、2018（平成30）年4月17日に第五次環境基本計画が閣議決定されている。

　大気汚染防止法は、環境基本法の下位法の1つで、大気の汚染を防止するための基本的な法律です。他に、移動発生源、悪臭、ダイオキシン類も含め、大気汚染防止関連の法規制体系は図1のようになっています。

環境基本法―環境基本計画
　　　　　　環境一般―― 特定工場における公害防止組織の整備に関する法律
　　　　　　大気汚染―― 大気汚染防止法
　　　　　　　　　　―― 自動車から排出される窒素酸化物及び粒子状物質の特定地域における総量の削減等に関する特別措置法（自動車 NOx・PM 法）
　　　　　　　　　　―― 特定特殊自動車排出ガスの規制等に関する法律（オフロード法）
　　　　　　　　　　―― スパイクタイヤ粉じんの発生の防止に関する法律（スパイクタイヤ粉じん法）
　　　　　　　　　　―― 悪臭防止法
　　　　　　　　　　―― ダイオキシン類対策特別措置法

図1　大気関係各種法規制の体系

2 法令と告示、通達

　試験の出題対象ではありませんが、法令関係の用語を、表1にまとめておきます。

表1　法令関係の用語の説明

	用語	説明	具体例
法令	法律	国会で議決して制定。	大気汚染防止法(昭和43年法律第97号) 大気汚染防止法の一部を改正する法律
	政令	内閣が制定。	大気汚染防止法施行令(昭和43年政令第329号) 大気汚染防止法施行令の一部を改正する政令
	省令	各省の大臣が制定。	大気汚染防止法施行規則(昭和46年厚生省・通商産業省令第1号) 大気汚染防止法施行規則の一部を改正する省令 排水基準を定める省令(昭和46年総理府令第35号)
その他	告示	命令ではなく国民への通知文書。	大気の汚染に係る環境基準について(昭和48年環境庁告示第25号) 硫黄酸化物の量の測定方法(昭和57年環境庁告示第76号) ※環境基準や測定方法は、告示で知らされます。
	通達	行政内の連絡文書(多くは省庁→地方自治体への通知)。	大気汚染防止法の一部を改正する法律の施行等について(環水大大発第2011301号) ※全国民に対してではなく、行政内の文書ですが、事例や解説が書かれており、法令等の理解の助けになります。

ポイント

大気汚染防止関係の法令はいくつかありますが、試験範囲としては、次の3つを押さえておきましょう。
①環境基本法に基づく大気環境基準
②大気汚染防止法
③特定工場における公害防止組織の整備に関する法律(公害防止管理者法)のうち大気関係の部分

1-2 大気関係環境基準

大気関係の環境基準は、ダイオキシン類も含めると11の物質について定められています。環境基準値だけでなく、告示に定められている内容をしっかり押さえておきましょう。

1 環境基準

環境基準は、環境基本法第16条で「**人の健康を保護し、及び生活環境を保全する上で維持されることが望ましい基準**」[※]とされており、環境保全施策を実施していく上での行政上の目標として定められるものです。大気の汚染、水質の汚濁、土壌の汚染及び騒音について環境基準が設定されています。

2 大気関係環境基準

大気関係の環境基準は、専ら「**人の健康の保護**」[※]の観点から設定されており、二酸化いおう、一酸化炭素、浮遊粒子状物質、光化学オキシダント、二酸化窒素、ベンゼン、トリクロロエチレン、テトラクロロエチレン、ジクロロメタン、微小粒子状物質について定められています。これらとは別に、ダイオキシン類対策特別措置法第7条の規定に基づき、ダイオキシン類による大気の汚染等に係る環境基準（1年平均値0.6pg-TEQ/m^{3}以下）が定められていますが、以降、ダイオキシン類は除いて説明します。

環境基準を定める告示と、物質ごとの環境基準値（これを「環境上の条件」といいます）を表1に整理しておきます。環境上の条件が上段、下段と2つある場合には、いずれも満たすことが必要です。

いわゆる「ばい煙」に係る環境基準値が1時間値やその1日平均値等で定められているのに対し、平成9年以降の有害大気汚

※：人の健康を保護し、及び生活環境を保全する上で維持されることが望ましい基準
環境基準は行政上の目標値である。ある測定局の濃度は、複数の固定発生源、移動発生源、移流、バックグラウンド値、二次生成物質など様々な要因が複合してその場所の濃度を形成している。よって、環境基準値は、誰かの義務ではない、罰則もない。

※：人の健康の保護
参考までに、水質汚濁に係る環境基準は、「人の健康の保護に関する環境基準」と「生活環境の保全に関する環境基準」とがある。生活環境保全項目は、水質の類型に応じて、水生生物の保護等の観点から定められている。

表1 大気関係の環境基準値

告示	物質	環境上の条件	
大気の汚染に係る環境基準について（昭和48年環告第25号）	二酸化いおう	1時間値の1日平均値	0.04 ppm 以下
		1時間値	0.1 ppm 以下
	一酸化炭素	1時間値の1日平均値	10 ppm 以下
		1時間値の8時間平均値	20 ppm 以下
	浮遊粒子状物質	1時間値の1日平均値	0.10 mg/m³ 以下
		1時間値	0.20 mg/m³ 以下
	光化学オキシダント	1時間値	0.06 ppm 以下
二酸化窒素に係る環境基準について（昭和53年環告第38号）	二酸化窒素	1時間値の1日平均値	0.04 ～ 0.06 ppm までのゾーン内又はそれ以下
ベンゼン等による大気の汚染に係る環境基準について（平成9年環告第4号）	ベンゼン	1年平均値	0.003 mg/m³ 以下
	トリクロロエチレン	1年平均値	0.13 mg/m³ 以下
	テトラクロロエチレン	1年平均値	0.2 mg/m³ 以下
	ジクロロメタン	1年平均値	0.15 mg/m³ 以下
微小粒子状物質による大気の汚染に係る環境基準について（平成21年環告第33号）	微小粒子状物質	1年平均値	15 μg/m³ 以下
		1日平均値	35 μg/m³ 以下

染物質に係るベンゼン等と微小粒子状物質については、長期暴露を問題にしていますので、1年平均値など、長いスパンで評価する環境基準値が設定されています。

3 特徴的な大気環境基準

　表1のうち、特徴的な環境基準値について以下にまとめておきます。

● 光化学オキシダント（1時間値0.06ppm以下）

　これだけは1日平均値ではなく、<u>1時間値のみ</u>の最も厳しい基準値になっています。**1年間**を通じて1回でも0.06ppmを超えると、その測定局は環境基準を達成していない、と評価され

※
光化学オキシダント（主成分はオゾン）は日射が照っている5時から20時までの1日15回測定が行われている。

ます。

◉二酸化窒素（1時間値の1日平均値が0.04 〜 0.06ppm 又はそれ以下）

　二酸化窒素の環境基準値は、1973（昭和48）年に0.02ppm 以下と定められましたが、当時は移動発生源の影響等もあり、全く守れませんでした。このため、5年後に改正が行われ、珍しいゾーン規制（0.04 〜 0.06ppm までのゾーン内又はそれ以下）が行われました。

◉一酸化炭素（1時間値の1日平均値が10ppm 以下、かつ1時間値の8時間平均値が20ppm 以下）

　これだけは、1時間値でなく、1時間値の8時間平均値と、1時間値の1日平均値が使われています。

◉微小粒子状物質（1年平均値15μg/m³ 以下かつ、1日平均値35μg/m³ 以下）

　ベンゼン等と同じように1年平均値が使われており、それとともに1日平均値も設定されています。ここでの1日平均値は、ばい煙に係る物質のような「1時間値の1日平均値」ではなく、単に「1日平均値」です。

4 環境基準に係る告示で定められているその他の事項

　環境基準に係る告示には、環境基準値以外に、以下のようなことが定められています。これらもよく出題されています。

◉環境基準を適用しない地域

　大気関係の環境基準は、人健康の保護を目的に定められていますので、人が住んでいない工業専用地域や、原野などには適用されません。告示では以下のように規定されています。

「環境基準は、工業専用地域、車道その他一般公衆が通常生活

していない地域または場所については、適用しない。」

●環境基準物質の測定方法

ある測定局で環境基準値を達成しているかどうかを判断するには、濃度を測定しなくてはなりません。このため、環境基準設定物質に対しては、どのような方法で測定した濃度を使って環境基準の達成を評価するか、が告示に示されています。

表2　環境基準物質の測定方法

物質	測定方法
二酸化いおう	溶液導電率法又は紫外線蛍光法
一酸化炭素	非分散型赤外分析計を用いる方法
浮遊粒子状物質	ろ過捕集による重量濃度測定方法又はこの方法によって測定された重量濃度と直線的な関係を有する量が得られる光散乱法，圧電天秤法若しくはβ線吸収法
光化学オキシダント	中性ヨウ化カリウム溶液を用いる吸光光度法若しくは電量法、紫外線吸収法又はエチレンを用いる化学発光法
二酸化窒素	ザルツマン試薬を用いる吸光光度法又はオゾンを用いる化学発光法
ベンゼン、トリクロロエチレン、テトラクロロエチレン、ジクロロメタン	キャニスター若しくは捕集管により採取した試料をガスクロマトグラフ質量分析計により測定する方法又はこれと同等以上の性能を有すると認められる方法
微小粒子状物質	微小粒子状物質による大気の汚染の状況を的確に把握することができると認められる場所において、ろ過捕集による質量濃度測定方法又はこの方法によって測定された質量濃度と等価な値が得られると認められる自動測定機による方法

✓ ポイント

光化学オキシダントと二酸化窒素は分析法の名称が似ているため、よく出題されています。

吸光光度法 { 光化学オキシダント……中性ヨウ化カリウム

二酸化窒素……ザルツマン試薬

化学発光法 { 光化学オキシダント……エチレン

二酸化窒素……オゾン

◉**達成期間**

　環境基準の達成期間の年数が定められているのは、次の2つだけです。

　二酸化いおう：原則として<u>5年</u>以内

　二酸化窒素：原則として<u>7年</u>以内

　この2つ以外の物質はいずれも「維持され又は早期達成に努める」となっており、年数は規定されていません。

◉**浮遊粒子状物質と微小粒子状物質の定義の違い**※

※：浮遊粒子状物質と微小粒子状物質
浮遊粒子状物質と、微小粒子状物質では、定義が異なるので注意が必要。

・浮遊粒子状物質とは、大気中に浮遊する粒子状物質であって、その<u>粒径が10μm以下</u>のものをいう。（昭和48年環告第35号別表・備考）

・微小粒子状物質とは、大気中に浮遊する粒子状物質であって、<u>粒径が2.5μmの粒子を50％の割合で分離できる分粒装置を用いて、より粒径の大きい粒子を除去した後に採取される粒子</u>いう。（平成21年環告第33号）

☑ ポイント

　大気汚染防止法での$PM_{2.5}$の定義は単に「粒径が2.5μm以下」ではないことに注意しましょう。

練習問題

問1　大気の汚染に係る環境基準に関する記述として，誤っているものはどれか。

(1)　二酸化いおう：1時間値の1日平均値が0.04 ppm 以下であり，かつ，1時間値が0.1 ppm 以下であること。

(2)　一酸化炭素：1時間値の1日平均値が10 ppm 以下であり，かつ，1時間値の8時間平均値が20 ppm 以下であること。

(3)　浮遊粒子状物質：1時間値の1日平均値が0.10 mg/m³ 以下であり，かつ，1時間値が0.20 mg/m³ 以下であること。

(4)　光化学オキシダント：1時間値の1日平均値が0.06 ppm 以下であり，かつ，1時間値が0.12 ppm 以下であること。

(5)　二酸化窒素：1時間値の1日平均値が0.04 ppm から0.06 ppm までのゾーン内又はそれ以下であること。

解　説

　環境基準における「環境上の条件」は、濃度値と、それをどのような期間で測定評価した値か、で決まっています。よく出題されるのは、

①評価期間（1時間値、1日平均値等）が異なるものを誤りとする

②濃度値が大きく異なるものを誤りとする

の2つです。これらの定めに特徴があるものを押さえておきましょう。

光化学オキシダント：1時間値のみによる最も厳しい基準値（×1日平均値）

二酸化窒素：ゾーン規制（1時間値の1日平均値が0.04から0.06ppmまで）

一酸化炭素：単純な「1時間値」は使わず、「1時間値の8時間平均値と1時間値の1日平均値」

POINT

　光化学オキシダントは、「1時間値が0.06ppm以下」、という定めであり、1日平均値は使われていません。1年間にわたって1時間値を測定し、1回でも1時間値が0.06ppmを超えれば、その測定点は「環境基準未達成」と評価されます。こうした非常に厳しい基準であることも、光化学オキシダントの環境基準達成率が著し

く低い1つの要因となっています。

　したがって、(4)が誤りです。

正解 >> （4）

練習問題

問1　大気の汚染に係る環境基準に関する記述として，誤っているものはどれか。

(1)　二酸化いおうについては，1時間値の1日平均値が0.04 ppm 以下であり，かつ，1時間値 0.1 ppm 以下であること。

(2)　一酸化炭素については，1時間値の1日平均値が 10 ppm 以下であり，かつ，1時間値の8時間平均値が 20 ppm 以下であること。

(3)　浮遊粒子状物質については，1時間値の1日平均値が 0.10 mg/m³ 以下であり，かつ，1時間値が 0.20 mg/m³ 以下であること。

(4)　二酸化窒素については，1時間値の1日平均値が 0.04 ppm から 0.06 ppm までのゾーン内又はそれ以下であること。

(5)　微小粒子状物質については，1時間値の1日平均値が 15 μg/m³ 以下であり，かつ，1年平均値が 35 μg/m³ 以下であること。

解説

環境基準は、1973（昭和48）年に定められたいわゆるばい煙等（二酸化いおう、一酸化炭素、浮遊粒子状物質、光化学オキシダント、二酸化窒素（1978（昭和53）年改正））と、1997（平成9）年に定められた有害大気汚染物質（ベンゼン、トリクロロエチレン、テトラクロロエチレン、ジクロロメタン）及び 2009（平成21）年に定められた微小粒子状物質（$PM_{2.5}$）では考え方が異なっています。

有害大気汚染物質と微小粒子状物質では、化学物質等の生涯暴露による長期影響を問題にしており、このため、環境基準の評価期間も年平均値など、長めになっています。ベンゼン、トリクロロエチレン、テトラクロロエチレン、ジクロロメタンの4つは1年平均値による評価、微小粒子状物質については、1日平均値及び1年平均値による評価となっています。

したがって、(5)が誤りです。

POINT

微小粒子状物質の環境基準は、「1日平均値が 35μg/m³ 以下、かつ、1年平均値が 15μg/m³ 以下」です。「1時間値の1日平均値」ではなく、「1日平均値」ですの

で(5)が誤りです。また、(5)では、1 日平均値の基準値（正しくは 35μg/m³）より、1 年平均値の基準値（正しくは 15μg/m³）が高くなっており、数値が逆になっています。短期評価値の方が長期評価値よりも高くなければ、環境基準値の設定としてはおかしいわけです。

正解 >>（5）

【類題】令和 3・問 1

微小粒子状物質：1 年平均値が 15μg/m³ 以下であり、かつ、1 日平均値が <u>20μg/m³</u> 以下であること（下線部が誤り）。

練習問題

問6 大気汚染物質の環境基準に関する記述として，誤っているものはどれか。

(1) 二酸化硫黄（SO_2）の環境基準は，1時間値の1日平均値が0.04 ppm 以下であり，かつ1時間値が0.1 ppm 以下である。

(2) 二酸化窒素（NO_2）の環境基準は，1時間値の1日平均値が0.04 ppm から0.06 ppm までのゾーン内又はそれ以下である。

(3) 一酸化炭素（CO）の環境基準は，1時間値の1日平均値が10 ppm 以下であり，かつ1時間値が20 ppm 以下である。

(4) 光化学オキシダントの環境基準は，1時間値が0.06 ppm 以下である。

(5) 浮遊粒子状物質（SPM）の環境基準は，1時間値の1日平均値が0.10 mg/m³以下であり，かつ1時間値が0.20 mg/m³以下である。

解説

　ばい煙等の環境基準値は、多くは「1時間値」と「1日平均値」での設定が多いのですが、一酸化炭素の環境基準値は、「1時間値の8時間平均値」と、「1時間値の1日平均値」による規定となっています。(3)は正しくは、「一酸化炭素（CO）の環境基準は、1時間値の1日平均値が10ppm 以下であり、かつ、1時間値の8時間平均値が 20ppm 以下」です。

　したがって、(3)が誤りです。

正解 >> （3）

練習問題

問1　二酸化窒素に係る環境基準に関する記述中，下線を付した箇所のうち，誤っているものはどれか。

1　二酸化窒素に係る環境基準は，次のとおりとする。

1時間値の1日平均値が0.04 ppmから0.06 ppmまでのゾーン内又はそれ以下であること。

2　1の環境基準は，二酸化窒素による大気の汚染の状況を的確に把握することができると認められる場所において，中性ヨウ化カリウム溶液を用いる吸光光度法又はオゾンを用いる化学発光法により測定した場合における測定値によるものとする。
(1) (2) (3) (4)

| 解　説 |

1つの物質について、環境基準を定める告示の中に規定されている内容を網羅した形式での出題も数多く出されています。環境上の条件の他に、以下の規定内容があります。

・環境基準を適用しない地域（人健康影響を問題にしているので、工業専用地域、車道、原野等には適用しない）
・環境基準物質の測定方法（NO_2と光化学オキシダントの測定方法が頻出）
・環境基準の達成期間（SO_2は5年、NO_2は7年、それ以外は年数規定なし）
・環境基準物質の定義（浮遊粒子状物質と微小粒子状物質では定義が異なる）

　光化学オキシダント、二酸化窒素の測定方法は、いずれも「吸光光度法」、「化学発光法」の語句が共通しているため、環境基準物質の測定方法においては頻出です。試薬名を入れ替えて、誤りの選択肢として出題されます。よく覚えておきましょう。

光化学オキシダントの測定方法	中性ヨウ化カリウムを用いた吸光光度法か、エチレンを用いた化学発光法
二酸化窒素の測定方法	ザルツマン試薬を用いた吸光光度法か、オゾンを用いた化学発光法

　ザルツマン試薬は、N-(1-ナフチル)エチレンジアミン二塩酸塩とスルファニル酸及び酢酸からなる溶液です。これに二酸化窒素を通すと、スルファニル酸と反応してジアゾ化化合物（$-N^+ \equiv N$ 構造を持つ）が生成し、さらにそれが N-(1-ナフチル）エチレンジアミン二塩酸塩とのカップリング反応により水溶性アゾ色素（染料の1種）を生成し橙赤色に呈色します。

▎**POINT** ▶

　二酸化窒素の環境基準物質の測定で用いる試薬は、吸光光度法ではザルツマン試薬、化学発光法ではオゾンです。

　したがって、(1)の下線部分が誤りです。

正解 >> 　(1)

【類題】令和元・問1

　（二酸化窒素の）環境基準は、ザルツマン試薬を用いる吸光光度法又は中性ヨウ化カリウム溶液を用いる吸光光度法により測定した場合における測定値によるものとする（下線部が誤り）。

練習問題

問 6　有害大気汚染物質の環境基準に関する記述として，誤っているものはどれか。

(1)　ベンゼンの環境基準は，3 μg/m³ 以下（年平均値）である。

(2)　トリクロロエチレンの環境基準は，180 μg/m³ 以下（年平均値）である。

(3)　テトラクロロエチレンの環境基準は，200 μg/m³ 以下（年平均値）である。

(4)　ジクロロメタンの環境基準は，150 μg/m³ 以下（年平均値）である。

(5)　2019（令和元）年度においては，環境基準が設定されている 4 物質とも，すべ
ての地点で環境基準を達成した。

|解　説|

　有害大気汚染物質のうち、ベンゼン、トリクロロエチレン、テトラクロロエチレンの 3 つは、環境基準が定められ、また指定物質（早急に排出を抑制しなければならない物質）として指定物質排出抑制基準が定められています。

　ジクロロメタンについては、2001（平成 13）年 4 月に環境基準のみが定められました。全国の測定点で、すべて環境基準値を下回っていたことから、指定物質への追加は見送られています。

　環境基準値はいずれも 1 年平均値により、ベンゼンは 0.003mg/m³（3μg/m³）、トリクロロエチレン（1997（平成 9）年設定当初）とテトラクロロエチレンは 0.2mg/m³（200 μg/m³）、ジクロロメタンは 0.15mg/m³（150μg/m³）でした。

　なお、トリクロロエチレンに関しては、環境基準設定当時は IARC（国際がん研究機関）による発がん性分類が従来は 2A（ヒトに対しておそらく発がん性がある（Probably carcinogenic to humans））だったのですが、2014 年に発がん性分類 1（ヒトに対して発がん性がある（Carcinogenic to humans））に変更となりました。これを受けて、トリクロロエチレンの環境基準値は、2018（平成 30）年 11 月に見直され、それまでの 0.2mg/m³ から 0.13mg/m³ に引き下げられました。この数値は、それまでトリクロロエチレンの安全係数を 1,000 としていたところ、安全係数を 1,500 に変更したために、環境基準値はおよそ 3 分の 2 の値の 0.13mg/m³ になっています。

したがって、(2)が誤りです。

| POINT

　環境基準値の数値を暗記するだけではなく、経緯を理解していると解ける問題です。

正解 >> （2）

第 2 章

大気汚染防止法

2-1 目的

大気汚染防止法の第1条（目的）は、出題頻度は高くありませんが、規制の対象範囲とともに、内容を理解しておきましょう。

■ 目的

大気汚染防止法の第 1 条は、以下のとおりです。

> （目的）
> 第1条　この法律は、<u>工場及び事業場における事業活動並びに建築物等の解体等に伴う</u><u>ばい煙</u>、<u>揮発性有機化合物及び粉じん</u>の排出等を規制し、<u>水銀</u>に関する水俣条約（以下「条約」という。）の的確かつ円滑な実施を確保するため工場及び事業場における事業活動に伴う水銀等の排出を規制し、<u>有害大気汚染物質</u>対策の実施を推進し、並びに<u>自動車排出ガス</u>に係る許容限度を定めること等により、大気の汚染に関し、国民の健康を保護するとともに生活環境を保全し、並びに大気の汚染に関して<u>人の健康に係る被害が生じた場合における事業者の損害賠償の責任</u>について定めることにより、<u>被害者の保護</u>を図ることを目的とする。

2-2 大気規制の経緯

　我が国における大気規制の経緯について把握しておくことは、個々の規制を理解する上で非常に役立ちます。しっかりと理解しておきましょう。

1 概要

　我が国における大気規制の経緯は、大きく分けて、

①公害時代からのばい煙規制と粉じん規制の昭和期、

②地球環境問題が提起され、化学物質の生涯暴露に着目し始めた有害大気汚染物質の自主管理以降（概ね1990年代以降）

の2つに分けられます。

2 大気規制の経緯（ばい煙規制）

　工場等の固定発生源に関して大気汚染防止法で規制されているのは、①**ばい煙**、②**揮発性有機化合物**、③**粉じん**、④**水銀等**、⑤**有害大気汚染物質**の5つです。

　昭和30年代からの全国での大規模な工業地帯の立地に伴い、大気汚染では四日市ぜん息、水質汚濁では水俣病に代表されるような激甚公害が起こり、1962（昭和37）年に「ばい煙規制法」ができ、まず、いおう酸化物とばい煙が規制され、これが6年後の1968（昭和43）年に大気汚染防止法に引き継がれました。

　1970（昭和45）年には公害国会があり、この時大気汚染防止法も改正され、非燃焼由来の粉じん規制が追加され、翌年には公害防止管理者制度の整備とともに、ばい煙に「有害物質」が追加されました。

　1989（平成元）年には、粉じんが特定粉じん（石綿）とそれ以外の一般粉じんに分けられています。

表1　大気規制の経緯（ばい煙規制）

年月	出来事
昭和 30 年代	全国各地に大規模な工業地帯の立地→公害問題
昭和 37（1962）年 6 月	ばい煙の規制等に関する法律（大気汚染防止法の前身）
昭和 42（1967）年 8 月	公害対策基本法
昭和 43（1968）年 12 月	大気汚染防止法、SO_2 の K 値規制
昭和 45（1970）年 12 月	公害国会、直罰、粉じん規制
昭和 46（1971）年 6 月	特定工場における公害防止組織の整備に関する法律（公害防止管理者法）→公害防止管理者制度
昭和 46（1971）年 6 月	ばい煙に「有害物質」追加
昭和 49（1974）年 6 月	SO_2 総量規制導入
昭和 56（1981）年 6 月	NO_2 総量規制導入
平成元（1989）年 6 月	特定粉じん（石綿）規制

3 大気規制の経緯（有害大気汚染物質以降）

　20世紀後半には、人類が扱う化学物質の量、種類が飛躍的に増え、上市される新規化学物質に対して公的機関が動物実験等を用いて行う化学物質の毒性評価が全く追いつかない状況が生まれました。このような中、化学業界が1990年ごろから世界的にレスポンシブル・ケア活動を開始し、遵法を超えた自主的なリスク情報の開示、ステークホルダ（利害関係者）とのリスクコミュニケーションを図る活動を始めました。このことは1992年のリオ・サミットでも評価され、我が国での有害大気汚染物質の自主管理、PRTR法はこの流れの中にあります。

　1996（平成8）年の大気汚染防止法改正に基づく有害大気汚染物質対策、2004（平成16）年改正に基づくVOC規制、2015（平成27）年改正に基づく水銀等規制は、いずれも法規制だけでなく、**事業者の自主的取組**[※]を併用しているのが共通した特徴です。

　特定粉じんについては、2005（平成17）年ごろの石綿騒ぎを契機に労働安全衛生法施行令が改正され、実質的に石綿の全面

※：事業者の自主的取組
有害大気汚染物質では「自主管理」、VOCと水銀等では「自主的取組」というが、同じ意味合いの言葉である。事業者が自ら排出削減計画を立て、実行し、実績が情報公開され、検証される仕組みのことである。単に対策を行っているだけでなく、情報公開性と検証性を備えるべき（中環審答申、平成16年2月3日）という点が重要である。

表2　大気規制の経緯（有害大気汚染物質以降）

年月	出来事
昭和 60（1985）年	南極上空にオゾンホールが見つかる
昭和 60（1985）年	カナダの化学品製造者協会がレスポンシブル・ケア活動（遵法を超えたリスク情報開示、リスクコミュニケーション）を開始
平成 4（1992）年 6 月	リオ・サミット
平成 5（1993）年 11 月	環境基本法
平成 8（1996）年 5 月	有害大気汚染物質・指定物質、石綿の作業基準
平成 9（1997）年 2 月	ベンゼン等環境基準設定
平成 13（2001）年 4 月	ジクロロメタン環境基準設定
平成 16（2004）年 5 月	揮発性有機化合物（VOC）規制（法規制＋自主的取組）
平成 17（2005）年ごろ	不適正事案　多発（測定データ改ざん、欠測等）
平成 18（2006）年 8 月	労働安全衛生法施行令改正（事実上の石綿の全面禁止）
平成 19（2007）年 3 月	公害防止ガイドライン公表
平成 21（2009）年 9 月	微小粒子状物質（$PM_{2.5}$）環境基準設定
平成 22（2010）年 5 月	大気汚染防止法、水質汚濁防止法改正（測定不正の罰則追加）
平成 27（2015）年 6 月	水銀等規制

禁止となりました。2007（平成19）年度末までには特定粉じん関係の特定工場は既に我が国にはない状況になっています。これ以降の石綿関係の大気汚染防止法改正は、専ら、特定粉じん排出等作業における作業基準に関するものとなっています。

　なお、大気汚染防止法では、第3章として、自動車排出ガスに係る定めがあり、これに基づいて自動車排出ガスの量の許容限度（昭和49年環告第1号）、自動車の燃料の性状に関する許容限度及び自動車の燃料に含まれる物質の量の許容限度（平成7年環告第64号）等が規定されています※。

※
移動発生源に関することであり、現実的には道路運送車両法に基づく車検で実効性が担保されているので、本書では割愛する。

練習問題

問2 大気汚染防止法の目的に関する記述中，下線を付した箇所のうち，誤っているものはどれか。

　　この法律は，工場及び事業場における<u>事業活動並びに建築物等の解体等に伴う</u>
(1)
<u>ばい煙，揮発性有機化合物及び粉じんの排出等を規制し</u>，水銀に関する水俣条約
(2)
の的確かつ円滑な実施を確保するため工場及び事業場における事業活動に伴う水銀等の排出を規制し，有害大気汚染物質対策の実施を推進し，並びに自動車排出ガスに係る許容限度を定めること等により，大気の汚染に関し，<u>国民の健康を保</u>
(3)
<u>護するとともに生活環境を保全し</u>，並びに大気の汚染に関して人の健康に係る被
害が生じた場合における<u>事業者の損害賠償の責任</u>について定めることにより，<u>公</u>
(4)   (5)
<u>害の防止に資すること</u>を目的とする。

解　説

　大気汚染防止法は、1963（昭和38）年制定のばい煙規制法（規制対象：硫黄酸化物、ばいじん）を前身として、粉じん（非燃焼由来、1970（昭和45）年追加）、有害物質（5物質、1971（昭和46）年追加）、特定粉じん（1989（平成元）年、粉じんを特定粉じんと一般粉じんに分化）、有害大気汚染物質（1996（平成8）年、法規制は最小で自主管理を重視）、揮発性有機化合物（2004（平成16）年、法規制＋自主的取組）、水銀等（2015（平成27）年、法規制＋自主的取組、水俣条約担保の国内法として）と対象を広げてきました。

　特定粉じんに関しては、1995（平成7）年1月の阪神淡路大震災を受けて、倒壊した建築物の解体工事が必要となったことを受け、労働安全衛生法改正による作業者の保護に加え、大気汚染防止の観点から、大気汚染防止法の中に、1996（平成8）年に特定粉じん排出等作業、作業基準等が追加されています。

　1995（平成7）年2月に、石綿のうち、相対的に毒性が強いアモサイト、クロシドライトについて1wt％を超える製品の輸入、製造、使用禁止が労働安全衛生法施

行令に規定され、さらに約10年後の石綿騒ぎを受けて、2005（平成17）年に石綿障害予防規則が制定され、2006（平成18）年には石綿及び石綿を0.1wt％を超えて含有する製剤その他の物の製造、輸入、譲渡、提供又は使用禁止となり、事実上、石綿の全面禁止となりました。このため、2007（平成19）年度末までには、我が国には「特定粉じんの特定工場」はなくなっています。現在の大気汚染防止法における特定粉じん規制で実効的に動いているのは、建物の解体工事等に係る作業基準等に関するものに限られています。

▌ POINT ▶

　大気汚染防止法の目的としては、第1条の前半部分、各種の排出規制等を講じることによって、大気の汚染に関して国民の健康の保護と生活環境の保全を図ること、が1つです。

　もう1つは、第1条の後半部分、生じてしまった大気汚染による人への健康被害に対して、事業者の賠償責任を設けて被害者の保護を図ることです。大気汚染は排出ガスが広域に拡散して生じ、例えば公害によるぜん息患者が、自分の健康被害の元となった事業者の煙突がどこか、というように因果関係を証明することができません。そこで、法第25条で無過失責任を定めています。簡単にいえば、大気汚染による健康被害が生じた場合、地域を定め、その地域内の事業者が損害賠償金を負担します。なお、損害に対する寄与が著しく小さい場合は、賠償の程度はしんしゃくされることがあります。

　末尾の部分は、「大気の汚染に関して人の健康に係る被害が生じた場合における事業者の損害賠償の責任について定めることにより、被害者の保護を図ることを目的とする」が正しい文章です。公害防止の推進は、目的としては前半部分に含まれており、この末尾の部分は、起こってしまった被害に対する被害者の保護についていっていますので、(5)が誤りです。

正解 >> （5）

2-3 大気汚染防止法の規制基準の種類

ここでは主に、固定発生源に対して課される排出基準を中心とした規制基準について理解しましょう。

1 規制基準の種類

前述2-2 2の主に5つの規制対象物質について、大気汚染防止法の規制基準は表1のようになっています。

表1 大気汚染防止法の規制基準の種類

規制対象	規制基準	備考
ばい煙	排出基準 ・一般排出基準 ・特別排出基準 ・上乗せ排出基準 総量規制基準 ・総量規制基準 ・燃料使用基準	排出基準違反、総量規制違反は直罰
揮発性有機化合物	排出基準	排出基準は法規制対象のみ
有害大気汚染物質	指定物質抑制基準	指定物質のみ法規制対象 濃度違反に罰則なし(勧告のみ)
一般粉じん	構造・使用・管理基準	濃度規制でない
特定粉じん	規制基準(敷地境界濃度)	排出口での濃度規制ではない
水銀等	排出基準	排出基準は法規制対象のみ
自動車排出ガス	許容限度	実質的に道路運送車両法の車検の体系で担保(出題頻度=低)

2 規制基準の特徴

詳細は後述しますが、大まかな特徴として、以下のようになっています。

◉ばい煙規制

・排出基準と、総量規制基準の2本の柱となっています。

・いずれも、濃度基準違反は直罰となる厳しい規制体系です。

◉有害大気汚染物質、揮発性有機化合物、水銀等の規制

・いずれも、法規制と自主的取組の組み合わせの体系となっています。法規制は、法規制対象施設にしか掛かりません。

・特に、**有害大気汚染物質は、自主管理に最も重きを置いた体系**[※]となっています。

◉一般粉じん、特定粉じんの規制

・一般粉じんは、濃度規制ではなく、構造・使用・管理基準となっています。

・特定粉じんは、排出口濃度規制ではなく、敷地境界での濃度基準となっています。

[※]
有害大気汚染物質は、我が国で初めて、法規制でなく自主管理に重きを置いた体系となっており、以下のような特徴がある。
①法律の章題(第2章の5)が、「規制」ではなく「対策の推進」となっている。
②排出基準に相当するのが「指定物質抑制基準」ですが、語句を使い分けており、また指定物質抑制基準を超過しても罰則はない(都道府県による勧告のみ)。
③指定物質排出施設や指定物質抑制基準の規定を、法令の本文ではなく、附則第9条の中で定めている。

2-4　ばい煙の規制

　2-4 ～ 2-8まで、固定発生源の5つの規制について、規制対象物質と規制の柱である排出規制について整理します。ここでは、ばい煙の規制の一律排出規制と総量排出規制について理解しておきましょう。

1　ばい煙の規制対象物質

　大気汚染防止法第2条第1項で、ばい煙が定義されています。ばい煙とは、**いおう酸化物**、**ばい煙**、**有害物質**の３つであり、有害物質については、法第2条第1項第3号の定義を受けて、具体的な物質は令第1条で5物質が定められています。

> 大気汚染防止法
> （定義等）
> 第2条　この法律において「ばい煙」とは、次の各号に掲げる物質をいう。
> 　一　燃料その他の物の燃焼に伴い発生するいおう酸化物
> 　二　燃料その他の物の燃焼又は熱源としての電気の使用に伴い発生するばいじん
> 　三　物の燃焼、合成、分解その他の処理（機械的処理を除く。）に伴い発生する物質のうち、カドミウム、塩素、弗化水素、鉛その他の人の健康又は生活環境に係る被害を生ずるおそれがある物質（第1号に掲げるものを除く。）で政令で定めるもの[※1]。

> 大気汚染防止法施行令
> （有害物質）
> 第1条　大気汚染防止法（以下「法」という。）第2条第1項第3号の政令で定める物質は、次に掲げる物質[※2]とする。
> 　一　カドミウム及びその化合物
> 　二　塩素及び塩化水素
> 　三　弗素、弗化水素及び弗化珪素
> 　四　鉛及びその化合物
> 　五　窒素酸化物

※1
いおう酸化物とばいじんは、ばい煙防止法からそのまま引き継いで法律上に定められています。有害物質は、法第2条では定義（カドミウム、塩素、弗化水素、鉛その他…という物質を例示した文言になっているが、あくまで法第2条は物質の指定ではなく定義である）を示し、具体的な物質は法律の1つ下の政令で定めている。物質の追加や変更が、法律に定めるよりはやりやすいようになっている（第1章1-1表1参照）。

※2
有害物質は、重金属が2つ（カドミウム、鉛）、ハロゲンが2つ（塩素、フッ素）、そして窒素酸化物の5つ、と覚える。有害物質は、ばい煙発生施設、大気関係公害防止管理者の資格区分や選任区分の種類、発生源との関係でも出てくるので、非常に重要。

練習問題

　問2　大気汚染防止法に規定するばい煙に関する記述中，下線を付した箇所のうち，誤っているものはどれか。

　　1　燃料その他の物の燃焼に伴い発生するいおう酸化物

　　2　燃料その他の物の燃焼又は熱源としての電気の使用に伴い発生するばいじん

　　3　物の燃焼，合成，分解その他の処理（機械的処理を除く。）に伴い発生する物質のうち，カドミウム，塩素，弗化水素，フロン類，鉛その他の人の健康又は(1)　　　　　(2)　　(3)　　　　(4)　　　　(5)
生活環境に係る被害を生ずるおそれがある物質（1に掲げるものを除く。）で政令で定めるもの

解　説

　大気汚染防止法第2条第1項のばい煙の定義からの出題です。ばい煙防止法から引き継がれて、法律の条文に物質が定義されているのが第1号のいおう酸化物、第2号のばいじんです。

　第3号は、有害物質の定義です。「カドミウム、塩素、…その他の」と書かれてはいますが、これはあくまでも例示表現であって、具体的な物質は大気汚染防止法施行令第1条で規定されています。

　法第2条第1項第3号の正しい表記は、次のとおりです。

　　三　物の燃焼、合成、分解その他の処理（機械的処理を除く。）に伴い発生する物質のうち、カドミウム、塩素、弗化水素、鉛その他の人の健康又は生活環境に係る被害を生ずるおそれがある物質（第一号に掲げるものを除く。）で政令で定めるもの

　なお、有害物質は5物質であり、その内訳は、令第1条より、①カドミウム及びその化合物、②塩素及び塩化水素、③弗素、弗化水素及び弗化珪素、④鉛及びその化合物、⑤窒素化合物です。簡易的には、重金属が2つ（カドミウム、鉛）、ハロゲンが2つ（塩素、ふっ素）、③窒素酸化物と覚えましょう。

POINT

　出題文では、法第2条第1項第3号にはない「フロン類」が挿入されているので、下線部(4)が誤りですが、それに加え、ばい煙は、物の燃焼で生成する物質であることがわかっていれば、簡単に解ける問題です。フロンはかつて冷蔵庫やクーラーの冷媒として利用されていた物質であり、成層圏で強い紫外線を浴びれば分解して塩素を遊離し、成層圏オゾン層の破壊につながります（第5章5-4参照）が、地上での条件では極めて安定で、不燃性の物質です。フロンの物性からも、(4)が誤りであることがわかります。

正解 >> （4）

練習問題

問3　大気汚染防止法に規定する有害物質に該当しないものはどれか。

(1)　カドミウム及びその化合物

(2)　塩素及び塩化水素

(3)　弗素，弗化水素及び弗化珪素

(4)　いおう酸化物

(5)　窒素酸化物

解　説

　大気汚染防止法におけるばい煙は、ばい煙規制法から引き継がれている①いおう酸化物、②ばいじんの2つは法第2条第1項の第1号、第2号で物質が定義されています。一方、1971（昭和46）年に追加された有害物質は、法律上では法第2条第1項の第3号で定義を示し、具体的な物質の規定は令第1条（有害物質）で5物質が定められています。

　いおう酸化物は、ばい煙ではありますが、有害物質の内訳ではありません。

　したがって、(4)が該当しません。

POINT

　大気汚染防止法の法の条文に最初から物質が規定されている①いおう酸化物、②ばいじんの2つと、後から追加された有害物質の規定の違い（有害物質は、法では定義のみ示し、物質の指定は令第1条）を理解していれば、解ける問題です。ばい煙の定義、有害物質の定義がわかっているのに加え、大気汚染防止法の改正経緯（2-2 **2**）を知っていれば、容易に解けることになります。

正解 >> （4）

2 ばい煙に係る排出基準の体系

ばい煙の規制は、排出基準と、総量規制基準の2つの柱から成っています。これを体系的に整理すると、表1のようになります。

表1 ばい煙の規制基準の体系

基準の種類		硫黄酸化物	ばいじん	有害物質
排出基準	一般排出基準 対象：ばい煙	K値 3.0 〜 17.5 地域ごと	全国一律 施設種類、規模ごと	全国一律 施設種類、規模ごと
	特別排出基準 対象：硫黄酸化物、 　　　ばいじん	○K値 1.17 〜 2.34 地域ごと 新設施設のみ	○地域、施設種類、 規模、設置年月ごと 新設施設のみ	△なし（特定有害物質が指定されていないため）
	上乗せ規制 対象：ばいじん、 　　　有害物質 （地方自治体）	なし（上乗せ規制はできない） ※硫黄酸化物はK値規制によって地域性考慮済み	○	○有害物質は上乗せ規制可能
総量規制基準	総量規制 対象：硫黄酸化物、 　　　窒素酸化物	○指定ばい煙 指定地域内（太平洋ベルト地帯）の大規模特定工場等	なし	○指定ばい煙（窒素酸化物） 指定地域内（東京、神奈川、大阪）の大規模特定工場等
	燃料使用基準 対象：硫黄酸化物	○ ・季節による燃料基準 ・指定地域の燃料基準 （特定工場等以外）	なし	なし

✅ ポイント

特別排出基準(有害物質＝なし)、上乗せ排出基準(硫黄酸化物＝なし)、総量規制基準(ばいじん＝なし)のように、2つずつ該当、1つは対象外の形になっていることを覚えましょう。各規制基準の説明は、3以下で行います。

3 ばい煙に係る一律排出基準

◉一般排出基準

大気汚染防止法のばい煙発生施設(大気汚染防止法施行令別表第1)に対して、施設ごとに国が定めた排出基準値が適用されます。

　ばい煙発生施設は、ボイラー、金属溶解炉、金属加熱炉、乾燥炉、廃棄物焼却炉、ガスタービン、ディーゼル機関等、33種類が令別表第1に定められています。いずれも規模要件があります。

表2　ばい煙発生施設　大気汚染防止法施行令別表第1(一部のみ抜粋)

番号	施設名称	規模要件
1	ボイラー（熱風ボイラーを含み、熱源として電気又は廃熱のみを使用するものを除く。）	バーナーの燃料の燃焼能力が重油換算 50 L/h 以上。
3	金属の精錬又は無機化学工業品の製造の用に供する焙焼炉、焼結炉（ペレット焼成炉を含む。）及び煆焼炉（14 の項に掲げるものを除く。）	原料の処理能力が 1 t/h 以上。
13	廃棄物焼却炉※	火格子面積が 2 m² 以上であるか、又は焼却能力 200 kg/h 以上
20	アルミニウムの製錬の用に供する電解炉	電流容量が 30 kA 以上。
25	鉛蓄電池の製造の用に供する溶解炉	バーナーの燃料の燃焼能力が重油換算 4 L/h 以上であるか、又は変圧器の定格容量が 20 kVA 以上
28	コークス炉	原料の処理能力が 20 t/ 日以上
29	ガスタービン	燃料の燃焼能力が重油換算 50 L/h 以上
30	ディーゼル機関	

※：廃棄物焼却炉
廃棄物焼却炉は大気汚染防止法のばい煙発生施設だが、公害防止管理者法のばい煙発生施設ではない（公害防止管理者を選任する必要がない）。

◉特別排出基準（硫黄酸化物、及びばいじんに限る）

　大気汚染が深刻な地域において、新設されるばい煙発生施設に適用される排出基準です。一般排出基準より厳しい基準となっています。

　有害物質において、硫黄酸化物と同様に、煙突高さによってK値規制ができる枠組みとして「特定有害物質」が規定されています（大気汚染防止法第3条第2項第4号）。この条文をつくった当時（昭和46年）、いおう酸化物と同様なK値規制を行う物質が将来現れた場合に備えたわけです。しかし、現在まで「特

定有害物質」が具体的に指定されていないので、実質的に有害
物質の特別排出基準は存在しません(規制値と基準値がない)。

◉上乗せ排出基準(ばいじん及び有害物質に限る)

　一般排出基準及び特別排出基準では人の健康を保護し、又は
生活環境を保全することが不十分な区域において、都道府県は
条例によって、これら基準より厳しい基準を定めることができ
ます。

　硫黄酸化物については、上乗せ基準を設定することはできま
せん。全国を網羅するように地域を分けて K 値を設定した K 値
規制によって、十分に地域性が考慮されているためです。

4 ばい煙の一律排出基準の具体的な内容

◉硫黄酸化物の排出基準

　硫黄酸化物に係る排出基準は、ばい煙発生施設において発生
し排出口から大気中に排出される硫黄酸化物の排出量につい
て、法施行令第5条に定められた地域の区分ごとに、**排出口高
さ**※に応じて定められています(K 値規制)。K 値規制による排
出基準は、次の式で与えられます。K 値が小さいほど、許容排
出量が小さくなり、厳しい規制ということになります。また、
有効煙突高さ H_e※が高いほど、許容排出量は大きくなります。

$$q = K \times 10^{-3} \times H_e^2$$

ここに、q：硫黄酸化物の許容排出量(m^3/h)

　　　　K：地域ごとに定められた係数

　　　　H_e：ばい煙発生施設の有効煙突高さ(m)

◉ばいじんに係る排出基準

　排出口から大気中に排出される排出物に含まれるばいじんの
量について、施設の種類及び規模ごとに定める許容限度(g/m^3_N)
として定めています。

※：排出口高さ
四日市ぜん息は、当時
の煙突高さが数十ｍ
と低かったために、排
出口の近傍地域で着地
濃度が非常に高くなっ
たことが1つの要因と
なっている。同じ排出
量でも、煙突高さが高
ければ、煙は拡散して
遠方で低濃度で着地す
ることになる。

※：有効煙突高さ H_e
有効煙突高さ H_e は、
実際の煙突の高さ H に
対して、運動量による
上昇分 H_m と、浮力に
よる上昇分 H_t を加え
たものをいう。運動量
による上昇は、煙に上
向きの吐出速度がある
ために起こる。浮力に
よる上昇は、煙が外気
温よりも温度が高いた
めに生じる。実質的に
He の高さから煙が吐
出する、と考える。

◉**有害物質に係る排出基準**

ばい煙発生施設において発生し、排出口から大気中に排出される排出物に含まれる有害物質の量について、**有害物質の種類及び施設の種類ごと**に定められています（窒素酸化物はppm、その他の有害物質はmg/m^3_N）。

窒素酸化物の排ガス中の濃度については、次式により標準酸素濃度の状態に換算して排出基準と対比しなければなりません。

$$C = \frac{(21 - O_n)}{(21 - O_s)} \cdot C_s$$

ここに、C：窒素酸化物の濃度

O_n：施設ごとに定められた標準酸素濃度の値（%）

O_s：排出ガス中の酸素濃度（%）

C_s：JIS K 0104に従って測定された濃度（ppm）

表3　窒素酸化物以外の有害物質の排出基準

物質名	規制対象のばい煙発生施設の例	定量物質	排出基準 (mg/m^3_N)
カドミウム及びその化合物	カドミウム系顔料などの乾燥施設、カドミウム化合物を原料とするガラス製造用の焼成炉、溶融炉	カドミウム	1.0
	銅、鉛、亜鉛の精錬用の焙焼炉、転炉、溶解炉、乾燥炉		
鉛及びその化合物	銅、鉛、亜鉛の精錬用の焼結炉、溶鉱炉	鉛	30
	鉛の二次精錬・二次製品（管、板、線、鉛蓄電池、鉛系顔料）用の溶鉱炉		10
	鉛ガラス用の焼成炉、溶融炉		20
塩素及び塩化水素	塩素反応施設・吸収施設	塩素	30
	塩素反応施設・吸収施設	塩化水素	80
	廃棄物焼却炉		700
ふっ素、ふっ化水素及びふっ化けい素	アルミニウム製錬電解炉（排出口）	ふっ素	3.0
	アルミニウム製錬電解炉（天井系）		1.0
	ふっ化物を用いるガラス焼成炉、溶融炉		10
	りん、りん酸、りん酸肥料製造用などの反応施設、濃縮施設、溶解炉の一部		
	ふっ酸、トリポリりん酸ソーダ製造用の施設の一部（吸収施設など）		
	過りん酸石灰製造用の反応施設など		15
	りん酸肥料製造用の焼成炉、平炉		20

5 ばい煙に係る総量規制基準（硫黄酸化物及び窒素酸化物に限る）

●総量規制基準（硫黄酸化物及び窒素酸化物に限る）

　3に示した施設ごとの排出基準（一般排出基準、特別排出基準、上乗せ排出基準）のみでは環境基準の確保が困難な地域において、大規模工場（大気汚染防止法施行規則で定める基準に従い都道府県知事が定める一定規模以上のもの）から発生する**指定ばい煙**[※]について、指定ばい煙総量削減計画を作成し、これに基づいて大気汚染防止法施行規則で定めるところにより、総量規制基準を定めています。

　総量規制基準は、指定地域内の特定工場等に設置されているすべてのばい煙発生施設において発生し、排出口から大気中に排出される指定ばい煙の合計量について定める許容限度のことです。

●燃料使用基準（硫黄酸化物）

　硫黄酸化物の総量規制を補完するために、以下の2種類の燃料使用基準が定められています。

　①**季節による燃料の使用に関する措置**：都市中心部のビル街のようにばい煙発生施設が密集しており、冬季に硫黄酸化物による汚染が著しくなるような地域を対象に、ばい煙発生施設に係る燃料使用基準を定め、硫黄分の低い燃料の使用又は燃料の使用量の削減を図るものです。

　②**指定地域における燃料の使用に関する措置**：硫黄酸化物に係る指定地域内において、総量規制基準が適用されない小規模の工場又は事業場に対して燃料使用基準を定め、大気の汚染の改善を図るものです。

※：指定ばい煙
指定ばい煙は、1974（昭和49）年に硫黄酸化物が、1981（昭和56）年に窒素酸化物が指定されている。

練習問題

問2　大気汚染防止法に定めるばい煙の排出基準に関する記述として，誤っているものはどれか。

(1)　ばい煙に係る排出基準は，ばい煙発生施設において発生するばい煙について，環境省令で定める。

(2)　いおう酸化物にあっては，いおう酸化物に係るばい煙発生施設において発生し，排出口から大気中に排出されるいおう酸化物の量について，政令で定める地域の区分ごとに排出口の高さに応じて定める許容限度とする。

(3)　ばいじんにあっては，ばいじんに係るばい煙発生施設において発生し，排出口から大気中に排出される排出物に含まれるばいじんの量について，施設の種類及び規模ごとに定める許容限度とする。

(4)　有害物質にあっては，燃料その他の物の燃焼に伴い発生する有害物質で環境大臣が定めるもの（特定有害物質）に係るばい煙発生施設において発生し，排出口から大気中に排出される特定有害物質の量について，特定有害物質の種類ごとに排出口の高さに応じて定める許容限度とする。

(5)　有害物質にあっては，有害物質（特定有害物質を除く。）に係るばい煙発生施設において発生し，排出口から大気中に排出される排出物に含まれる有害物質の量について，有害物質の種類及び施設の規模ごとに定める許容限度とする。

解　説

　基本的には、排出基準は、施設の種類と規模に応じて定める許容限度となっており、ばいじん、窒素酸化物、VOC、水銀等がこれに該当します。これと異なるのが、以下の3つです。

①**いおう酸化物**：地域の区分ごとに排出口の高さに応じて定める（規則第3条）
②**有害物質**（NO_xを除く）：有害物質の種類及び施設の種類ごとに定める（規則第5条第1項第1号）
③**特定有害物質**：特定有害物質の種類ごとに排出口の高さに応じて定める

よって、(5)の「施設の規模ごと」は、②より「施設の種類ごと」が正しいので、誤り。

| POINT ▶

　多くの物質の排出基準が、施設の種類と施設の規模に応じて定められているのに対して、有害物質（NO_x を除く）の排出基準は、<u>有害物質の種類及び施設の種類</u>ごとに定められています。紛らわしいので、チェックしておきましょう。

正解 >> （5）

練習問題

問2　大気汚染防止法に規定する有害物質（特定有害物質を除く。）の排出基準に関する記述中，　　　　　の中に挿入すべき語句として，正しいものはどれか。

この排出基準は，有害物質に係るばい煙発生施設において発生し，排出口から大気中に排出される排出物に含まれる有害物質の量について，有害物質の　　　　　ごとに定める許容限度である。

(1)　種類及び排出口の高さ
(2)　排出量及び排出口の高さ
(3)　種類及び施設の種類
(4)　排出量及び施設の種類
(5)　種類及び地域の区分

解　説

　前問と同じく、有害物質（特定有害物質を除く）の排出基準が、<u>有害物質の種類及び施設の種類</u>ごとに定められていることを理解しているか、問う設問です。一見、「……の種類及び……の種類」、という表現から、誤りかと思いがちですが、両方とも「種類」、というのが正解です。

POINT

　「排出口の高さ」による排出基準は、いおう酸化物か特定有害物質ですから、(1)と(2)は除かれます。「地域の区分」も、いおう酸化物の排出基準における K 値を定める対象地域の区分のことですから、有害物質には該当しません。したがって、(5)も除外されます。残るは(3)か(4)ですが、(4)では、「排出基準は、有害物質の排出量ごとに定める」となり、文意がおかしくなっています。このように消去法でも解くことができます。

正解 >> （3）

練習問題

問1　大気汚染防止法に規定するばい煙の排出の制限に関する記述中，㋐～㋒の

[　　　]の中に挿入すべき語句の組合せとして，正しいものはどれか。

　　ばい煙発生施設において発生するばい煙を大気中に排出する者(以下「ばい煙排

出者」という。)は，そのばい煙量又は [㋐] が当該ばい煙発生施設の

[㋑] において [㋒] に適合しないばい煙を排出してはならない。

	(ア)	(イ)	(ウ)
(1)	ばい煙濃度	排出口	排出基準
(2)	合計量	敷地の境界線	使用基準
(3)	ばい煙濃度	敷地の境界線	許容限度
(4)	排出量	敷地の境界線	排出基準
(5)	ばい煙総量	排出口	許容限度

解　説

　法第 13 条　ばい煙の排出の制限からの出題です。この条文の正しい表記は、次
のとおりです。

　　(ばい煙の排出の制限)
　　第13条　ばい煙発生施設において発生するばい煙を大気中に排出する者(以
　　　下「ばい煙排出者」という。)は、そのばい煙量又は<u>ばい煙濃度</u>が当該ばい
　　　煙発生施設の<u>排出口</u>において<u>排出基準</u>に適合しないばい煙を排出してはな
　　　らない。

POINT

　正しい語句の穴埋め問題ですが、㋑の「敷地境界線」は、特定粉じんの敷地境界
濃度規制のことですから、選択肢(1)か(5)に絞られます。あとは、㋐がばい煙濃度か
ばい煙総量か、でも、㋒が排出基準か許容限度かでも、正解にたどり着けます。

　㋐では、「ばい煙総量」は、総量規制で用いられる語句であり、「ばい煙濃度」が
正しい語句です。㋒の「排出基準」と「許容限度」は、例えば以下のように使用し
ます。

　ばいじんの排出基準は、ばい煙発生施設において発生するばいじんの量について、施設の種類及び規模ごとに定める許容限度として定める。

　「排出基準」は規制値に対する用語、「許容限度」は規制値の数値の意味を示す一般語（上限、とほぼ同様な意味で使っています）、という違いがあります。

　いずれにしても、(1)が正解です。

正解 >> （1）

第1章
第2章
第3章
第4章
第5章
第6章
第7章
第8章

練習問題

問2　ばいじんの排出基準に関する記述中，下線を付した箇所のうち，誤っているものはどれか。

ばいじんに係るばい煙発生施設において発生し，<u>排出口から大気中に排出される排出物に含まれるばいじんの量</u>について，<u>施設の種類及び排出口の高さ</u>ごとに定める<u>許容限度</u>
(1)　　　　　　　　　　　　　　(2)　　　　　　　　　　　　　(3)　　　　　(4)
(5)

解　説

　ばいじんの排出基準に関する問題です。ばいじんの排出基準は、大気汚染防止法第 3 条第 2 項第 2 号に規定されています。条文は以下のとおりです。

> （排出基準）
> 第3条　ばい煙に係る排出基準は、ばい煙発生施設において発生するばい煙について、環境省令で定める。
> （第2項略）
> （第1号略）
> 　二　ばいじんに係るばい煙発生施設において発生し、排出口から大気中に排出される排出物に含まれるばいじんの量について、<u>施設の種類及び規模</u>ごとに定める許容限度

　排出基準について、もっとも標準的と思われる、「施設の種類と規模」によって定めているのがばいじん、窒素酸化物、VOC、水銀等です。

　排出口の高さによって排出基準を定めているのは、硫黄酸化物と、特定有害物質です。なお、後者については、硫黄酸化物と同様の規制が掛けられる枠組みとしてはありますが、現在のところ特定有害物質が規定されていないため、実体は存在しない、という状態になっています。

　したがって、(4)が誤りです。

正解 >> （4）

練習問題

問2　大気汚染防止法に定めるばい煙の排出基準に関する記述中，(ア)及び(イ)の□の中に挿入すべき語句の組合せとして，正しいものはどれか。

都道府県は，当該都道府県の区域のうちに，その自然的，社会的条件から判断して，　(ア)　又は　(イ)　に係る大気汚染防止法第3条に定める排出基準によつては，人の健康を保護し，又は生活環境を保全することが十分でないと認められる区域があるときは，条例で，同法の排出基準で定める許容限度よりきびしい許容限度を定める排出基準を定めることができる。

	(ア)	(イ)
(1)	ばいじん	いおう酸化物
(2)	窒素酸化物	特定有害物質
(3)	有害物質	いおう酸化物
(4)	ばいじん	有害物質
(5)	いおう酸化物	特定有害物質

解　説

文脈は「都道府県は、大気汚染防止法の排出基準によっては十分でないときは、条例により、大気汚染防止法の排出基準より厳しい排出基準を定めることができる」と読むことができますので、これは法第4条の排出基準の上乗せに関するものと理解できます。

法第4条の条文は以下のとおりです。

> 第4条　都道府県は、当該都道府県の区域のうちに、その自然的、社会的条件から判断して、ばいじん又は有害物質に係る前条第1項又は第3項の排出基準によっては、人の健康を保護し、又は生活環境を保全することが十分でないと認められる区域があるときは、その区域におけるばい煙発生施設において発生するこれらの物質について、政令で定めるところにより、条例で、同条第1項の排出基準にかえて適用すべき同項の排出基準で定める許容限度よりきびしい許容限度を定める排出基準を定めることができる。

よって、(ア)はばいじん、(イ)は有害物質になります。

したがって、(4)が正解です。

|POINT▶

　上乗せ基準を設けてはならないのは、いおう酸化物です。いおう酸化物の排出基準は、全国を網羅するように地域区分に分けて、それぞれに K 値を定めて規制していますので、十分に地域性を考慮済みであり、それ以上に地域独自の上乗せをする必要がありません。

　また、特定有害物質は、枠組みだけはあるものの、具体的な物質が規定されていないため、実態としてはない状態が続いています。

　条例による上乗せ規制基準が可能なのは、ばいじんと有害物質です。

正解 ≫ （4）

練習問題

問3　大気汚染防止法に規定する改善命令等に関する記述中，(ア)～(エ)の　　　の中に挿入すべき語句の組合せとして，正しいものはどれか。

都道府県知事は，ばい煙排出者が，そのばい煙量又はばい煙濃度が　(ア)　において　(イ)　に適合しないばい煙を継続して排出するおそれがあると認めるときは，その者に対し，　(ウ)　当該ばい煙発生施設の構造若しくは使用の方法若しくは当該ばい煙発生施設に係るばい煙の処理の方法の改善を命じ，又は当該ばい煙発生施設の使用の　(エ)　を命ずることができる。

	(ア)	(イ)	(ウ)	(エ)
(1)	排出口	排出基準	直ちに	一時停止
(2)	排出口	排出基準	期限を定めて	一時停止
(3)	排出口	環境基準	期限を定めて	停止
(4)	敷地境界	環境基準	期限を定めて	停止
(5)	敷地境界	環境基準	直ちに	停止

解　説

法第14条の改善命令に関する出題です。法第14条の条文は以下のとおりです。

> （改善命令等）
> 第14条　都道府県知事は、ばい煙排出者が、そのばい煙量又はばい煙濃度が排出口において排出基準に適合しないばい煙を継続して排出するおそれがあると認めるときは、その者に対し、期限を定めて当該ばい煙発生施設の構造若しくは使用の方法若しくは当該ばい煙発生施設に係るばい煙の処理の方法の改善を命じ、又は当該ばい煙発生施設の使用の一時停止を命ずることができる。
> （以下略）

ばい煙については、(ア)は敷地境界（敷地境界基準は特定粉じん）ではなく排出口であり、(イ)は、環境基準（環境基準は行政上の目標であり、事業者の義務ではない）ではなく排出基準ですから、これだけで(1)か(2)に絞り込めます。(ウ)は、ばい煙

発生施設の停止については、シャットダウンの手順を踏む必要がある場合があり、「直ちに」は無理なので「期限を定めて」が正しく、(エ)は、「停止」といってしまうと永久停止なのか、再開手続きはどうするのか、という話になるので、「一時停止」が正しいことになり、正解は(2)となります。

| POINT ▶

　語句の選択肢の穴埋めで、正しい組合せを選ぶ問題では、大抵の場合、明確に間違っている語句があるのでそれがわかれば、選択肢2つくらいに絞れることが多いといえます。

正解 ≫ （2）

練習問題

問3　総量規制基準に関する記述中，(ア)～(エ)の　　　　　の中に挿入すべき語句(a～h)の組合せとして，正しいものはどれか。

　　硫黄酸化物に係る総量規制基準は，次の各号のいずれかに掲げる硫黄酸化物の量として定めるものとする。

一　特定工場等に設置されているすべての硫黄酸化物に係る　(ア)　において使用される　(イ)　の増加に応じて，排出が許容される硫黄酸化物の量が増加し，かつ，使用される　(イ)　の増加一単位当たりの排出が許容される硫黄酸化物の量の　(ウ)　するように算定される硫黄酸化物の量。

二　特定工場等に設置されているすべての硫黄酸化物に係る　(ア)　から排出される硫黄酸化物について所定の方法により求められる重合した　(エ)　が指定地域におけるすべての特定工場等について一定の値となるように算定される硫黄酸化物の量。(以下略)

　　a：ばい煙発生施設　　　　e：燃費が増加
　　b：粉じん発生施設　　　　f：増加分がてい減
　　c：原料又は燃料の量　　　g：地表濃度
　　d：原料の量　　　　　　　h：最大地上濃度

	(ア)	(イ)	(ウ)	(エ)
(1)	a	c	e	g
(2)	a	c	f	h
(3)	b	d	e	g
(4)	a	d	f	g
(5)	b	c	e	h

┃ 解 説 ▶

硫黄酸化物の総量規制基準（大気汚染防止法施行規則第7条の3）に関する出題です。総量規制基準に関する出題は、意外にもこれが初めてでした。

法第7条の3の条文は以下のとおりです。

> （総量規制基準）
> 第7条の3　硫黄酸化物に係る総量規制基準は、次の各号のいずれかに掲げる硫黄酸化物の量として定めるものとする。
> 　一　特定工場等に設置されているすべての硫黄酸化物に係る<u>ばい煙発生施設</u>において使用される<u>原料又は燃料の量</u>の増加に応じて、排出が許容される硫黄酸化物の量が増加し、かつ、使用される<u>原料又は燃料の量の増加1単位当たりの排出が許容される硫黄酸化物の量の<u>増加分がてい減</u>するように算定される硫黄酸化物の量
> 　二　特定工場等に設置されているすべての硫黄酸化物に係る<u>ばい煙発生施設</u>から排出される硫黄酸化物について所定の方法により求められる重合した<u>最大地上濃度</u>（以下「最大重合地上濃度」という。）が指定地域におけるすべての特定工場等について一定の値となるように算定される硫黄酸化物の量。
> 　（以下略）

挿入する語句として、(ア)には「a：ばい煙発生施設」か「b：粉じん発生施設」ですが、これは a です（粉じん発生施設は非燃焼過程）から、(3)と(5)は除外されます。

次に(イ)には、「c：原料又は燃料の量」、か「d：原料の量」、ですが、いおう酸化物の排出は、化石燃料の燃焼由来が主体ですから、これは c です。これで(4)が除かれます。

次に(ウ)には、「e：燃費が増加」、か「f：増加分がてい減」のいずれかですが、「いおう酸化物の量の燃費が増加」では意味が通じませんので、ここは「f：増加分がてい減」、となります。

この規則第7条の3第1項第1号の総量規制基準の基本式は、使用する原燃料が増大するに応じて、排出の許容量がてい減するような次の規制式で表されます（原燃料使用量方式）。この指数 b が1より小さいので、使用する原燃料が多くなるほど、原燃料1単位当たりの許容量の増分が小さくなるような、上に凸の曲線となります。

$$Q = a \cdot W^b$$

ここに、Q：排出許容量（0℃、1気圧の状態に換算した m^3 毎時）

　　　　W：特定工場等における全ばい煙発生施設の使用原料及び燃料の量（重

油換算、kl 毎時）

a：削減目標量が達成されるように都道府県知事が定める定数

b：0.80 以上 1.0 未満で、都道府県知事が定める定数

最後に㈎ですが、「g：地表濃度」、か「h：最大地上濃度」ですが、これは「h：最大地上濃度」になります。煙は煙突から排出され、上下方向にも拡散します。煙突から近いところでは、煙が達していないため地上濃度は低く、煙の到達とともに上昇してある距離で最大濃度となり、さらに遠方になると拡散により濃度が低下します。この最大濃度を「最大地上濃度」といい、これが一定濃度以下になるように K 値が設定されます。

よって、㈎は a：ばい煙発生施設、㈑は c：原料又は燃料の量、㈒は f：増加分がてい減、㈓は h：最大地上濃度となります。

したがって、⑵が正解です。

正解 >> ⑵

2-5 揮発性有機化合物（VOC）の規制

ここでは「VOCの規制」について解説します。揮発性有機化合物の定義や排出規制が適用される「揮発性有機化合物排出施設」や排出基準などについて理解しておきましょう。

1 概要

揮発性有機化合物（VOC）の規制は、VOCによる直接的な大気汚染ではなく、VOCとNO_xが大気中で反応して生成する光化学オキシダント（主にオゾン）や二次粒子の生成を抑制することを目的としています。ばい煙規制で実績のある法規制と、有害大気汚染物質の自主管理で実績のある事業者の自主的取組を適切に組み合わせて[※1]、効果的な揮発性有機化合物の排出及び飛散を抑制することとしています。

※1
この法規制と自主的取組を組み合わせた施策手法を「ベストミックス」と呼んでいる。揮発性有機化合物と、水銀等について、この手法がとられている。

2 揮発性有機化合物の規制対象物質

我が国では、揮発性有機化合物の定義は、定性的で包括的なものとなっています[※2]（法第2条第4項）。

※2
諸外国では、蒸気圧、沸点などの物性や、具体的な物質を羅列してVOCを定義している国もある。

（定義等）
第2条
4　この法律において「揮発性有機化合物」とは、大気中に排出され、又は飛散した時に気体である有機化合物（浮遊粒子状物質及びオキシダントの生成の原因とならない物質として政令で定める物質を除く。）をいう。

3 揮発性有機化合物の除外物質

大気汚染防止法では、浮遊粒子状物質及びオキシダントの生成の原因とならない物質として政令で定める以下の8物質（メタン及びフロン類）を明示し、揮発性有機化合物から除く、としています（法施行令第2条の2）。

（揮発性有機化合物から除く物質）

第2条の2　法第2条第4項の政令で定める物質は、次に掲げる物質とする。

一　メタン

二　クロロジフルオロメタン（別名 HCFC-22）

三　2-クロロ-1,1,1,2-テトラフルオロエタン（別名 HCFC-124）

四　1,1-ジクロロ-1-フルオロエタン（別名 HCFC-141b）

五　1-クロロ-1,1-ジフルオロエタン（別名 HCFC-142b）

六　3,3-ジクロロ-1,1,1,2,2-ペンタフルオロプロパン（別名 HCFC-225ca）

七　1,3-ジクロロ-1,1,2,2,3-ペンタフルオロプロパン（別名 HCFC-225cb）

八　1,1,1,2,3,4,4,5,5,5-デカフルオロペンタン（別名 HFC-43-10mee）

4 揮発性有機化合物の排出規制

●揮発性有機化合物排出施設

　揮発性有機化合物の排出規制は、大気汚染防止法の揮発性有機化合物排出施設に対して定められています。揮発性有機化合物排出施設は、工場又は事業場に設置されている施設で、揮発性有機化合物を排出する施設のうち、揮発性有機化合物の排出量が多いためにその規制を行うことが特に必要なものとして、代表的な塗装、印刷、接着、洗浄、化学品製造、貯蔵の6業種における9種類の施設が指定されています（表1）。規模要件があります。

●揮発性有機化合物の排出基準

　揮発性有機化合物の排出基準は、揮発性有機化合物排出施設（令別表第1の2）の種類ごとに、排出口における揮発性有機化合物の濃度[※3]の許容限度として、規則別表第5の2に定められています（表1の最右欄）。

※3
表1の濃度単位で「ppmC」とは、炭素換算濃度のことである。これは、ppmで示される容量濃度に、炭素数を乗じたもの。例えば、排ガス成分がトルエン（$C_6H_5 \cdot CH_3$）の単一成分で100ppmの場合、炭素数7を掛けて700ppmCと表す。混合ガスの場合は、それぞれのvolppm濃度×炭素数を足し合わせることになる。例えば、炭素数7のトルエン100ppm、炭素数8のキシレン200ppmの混合ガスの場合は、混合ガスのppmC濃度＝100×7+200×8＝2,300ppmCとなる。

表1 揮発性有機化合物の排出基準

揮発性有機化合物排出施設	規模要件	排出基準		
揮発性有機化合物を溶剤として使用する化学製品の製造の用に供する乾燥施設	送風機の送風能力が3,000 m³/時以上のもの	600 ppmC		
塗装施設(吹付塗装に限る。)	排風機の排風能力が100,000 m³/時以上のもの	自動車の製造の用に供するもの	既設 700 ppmC 新設 400 ppmC	
		その他のもの	700 ppmC	
塗装の用に供する乾燥施設(吹付塗装及び電着塗装に係るものを除く。)	送風機の送風能力が10,000 m³/時以上のもの	木材・木製品(家具を含む。)の製造の用に供するもの	1,000 ppmC	
		その他のもの	600 ppmC	
印刷回路用銅張積層板、粘着テープ・粘着シート、はく離紙又は包装材料(合成樹脂を積層するものに限る。)の製造に係る接着の用に供する乾燥施設	送風機の送風能力が5,000 m³/時以上のもの	1,400 ppmC		
接着の用に供する乾燥施設(前項に掲げるもの及び木材・木製品(家具を含む。)の製造の用に供するものを除く。)	送風機の送風能力が15,000 m³/時以上のもの	1,400 ppmC		
印刷の用に供する乾燥施設(オフセット輪転印刷に係るものに限る。)	送風機の送風能力が7,000 m³/時以上のもの	400 ppmC		
印刷の用に供する乾燥施設(グラビア印刷に係るものに限る。)	送風機の送風能力が27,000 m³/時以上のもの	700 ppmC		
工業製品の洗浄施設(乾燥施設を含む。)	洗浄剤が空気に接する面の面積が5 m²以上のもの	400 ppmC		
ガソリン、原油、ナフサその他の温度37.8度において蒸気圧が20 kPaを超える揮発性有機化合物の貯蔵タンク(密閉式及び浮屋根式(内部浮屋根式を含む。)のものを除く。)	1,000 kL以上のもの(ただし、既設の貯蔵タンクは、容量が2,000 kL以上のものについて排出基準を適用する。)	60,000 ppmC		

練習問題

問1　大気汚染防止法において，浮遊粒子状物質及びオキシダントの生成の原因とならない物質として「揮発性有機化合物」から政令で除かれていないものはどれか。

(1)　クロロジフルオロメタン

(2)　メタン

(3)　2-クロロ-1,1,1,2-テトラフルオロエタン

(4)　ノルマル-ヘキサン

(5)　3,3-ジクロロ-1,1,1,2,2-ペンタフルオロプロパン

解　説

　大気汚染防止法における揮発性有機化合物の定義は、法第2条第4項で「大気中に排出され、又は飛散した時に気体である有機化合物（浮遊粒子状物質及びオキシダントの生成の原因とならない物質として政令で定める物質を除く。」となっています。

　我が国ではこのように定性的な定義です。ほとんどの物質は何らか蒸気圧を持ち、揮散することから、ほとんどの有機化合物が包含されるような定義となっています。

　一方で、大気汚染防止法では揮発性有機化合物から除外する物質は、メタン及びフロン類の8物質（フロン類7物質のうち、HCFCが6種、HFCが1種）が、浮遊粒子状物質や光化学オキシダントの原因とならない物質として、令第2条の2で規定されています。

　この除外8物質は、2-5 **3** で示したとおりですが、フロン類の正確な名前まで覚える必要はありません。本問で示すように、メタンでもフロン類でもない1物質が選択肢に入っていて、それが誤り、とする問題がほとんどです。

　ここでは、(4)のノルマル-ヘキサンが誤り（ノルマル-ヘキサンは揮発性有機化合物）です。

正解 >> （4）

練習問題

問3 大気汚染防止法に規定する揮発性有機化合物に係る排出基準に関する記述中，(ア)～(オ)の ☐ の中に挿入すべき語句（a～h）の組合せとして，正しいものはどれか。

揮発性有機化合物に係る排出基準は，揮発性有機化合物 (ア) の (イ) から大気中に排出される (ウ) に含まれる揮発性有機化合物の量について，施設の (エ) ごとの (オ) として，環境省令で定める。

a：処理施設　　　　e：排出施設
b：排出物　　　　　f：ばい煙
c：種類及び規模　　g：許容限度
d：排出基準　　　　h：排出口

	(ア)	(イ)	(ウ)	(エ)	(オ)
(1)	e	a	b	c	d
(2)	a	h	f	b	g
(3)	e	h	b	c	g
(4)	a	e	f	h	d
(5)	e	a	f	b	d

| 解　説 |

揮発性有機化合物の排出基準を定めた法第17条の4からの出題です。この条文の正しい表記は以下のとおりです。

（排出基準）
第17条の4 揮発性有機化合物に係る排出基準は、揮発性有機化合物<u>排出施設</u>の<u>排出口</u>から大気中に排出される<u>排出物</u>に含まれる揮発性有機化合物の量(以下「揮発性有機化合物濃度」という。)について、<u>施設の種類及び規模</u>ごとの<u>許容限度</u>として、環境省令で定める。

▌POINT ▶

　まず、㋐ですが、ここは「a：処理施設」か、「e：排出施設」です。揮発性有機化合物を排出する施設を「揮発性有機化合物排出施設」と規定して法規制を掛けているのですから、ここは「e：排出施設」です。よって選択肢(2)と(4)が除かれます。

　次に㋑ですが、「a：処理施設」か、「h：排出口」です。「a：処理施設」では、揮発性有機化合物排出施設から排出されたガスを排ガス処理している施設にのみ排出基準を設けていることになります（未処理の排出口には排出基準がないことになる）ので、文意がおかしくなります。ここは「h：排出口」です。ここまでで、選択肢(3)が正解とわかりますが、残りの項目もみておきましょう。

　㋒ですが、「b：排出物」か、「f：ばい煙」です。VOC を含む排出ガスに、必ずしもばい煙が伴っているわけではないので、ここは「b：排出物」です。

　㋓と㋔は、排出基準を何によって定めるか、であり、それは、ばい煙等と同様に揮発性有機化合物の場合は、「c：施設の種類及び規模」ごとの「g：許容限度」として定めます。

　よって、㋐は e：排出施設、㋑は h：排出口、㋒は b：排出物、㋓は c：施設の種類及び規模、㋔は g：許容限度となります。

　したがって、(3)が正解です。

正解 ≫ （3）

練習問題

問2　大気汚染防止法に規定する揮発性有機化合物の排出基準に関する記述中，下線を付した箇所のうち，誤っているものはどれか。

　　揮発性有機化合物に係る排出基準は，揮発性有機化合物排出施設の排出口から
(1)
大気中に排出される排出物に含まれる揮発性有機化合物の量(以下「揮発性有機化
(2)
合物濃度」という。)について，施設の種類及び構造ごとの許容限度として環境省
(3)　　　　(4)　　　　(5)
令で定める。

解　説

　前問と同様、揮発性有機化合物の排出基準を定めた法第17条の4からの出題です。

　ここでも、排出基準を何によって定めるか、を問うており、それは「施設の種類及び規模」ですから、下線部(4)が誤りとわかります。

POINT

　下線部(4)は「構造」となっていますが、法令で定める揮発性有機化合物排出施設について、その大まかな類型に加えて、構造の違いまで規定しようとすると、途方もないことになります。プラントメーカーの設計の自由度を奪うことにもなり、法で構造を規定するのは無理があることがわかります。その点でも、(4)が誤りです。

正解 >> （4）

2-6 粉じんの規制

　ここでは「粉じんの規制」について解説します。特定粉じんも一般粉じんも、①排出口濃度基準ではないこと、②届出の日数の体系がばい煙等とは異なることが特徴です。よく理解しておきましょう。

1 概要

　粉じんの規制は、それまでのばいじん（燃焼過程からの粒子状物質）に加えて、1970（昭和45）年より、非燃焼過程からの粒子状物質として規制が追加されました。2019（平成元）年に粉じんは特定粉じん（石綿）と一般粉じんに分かれ、別々の規制体系となりました。

　2006（平成18）年の労働安全衛生法施行令改正をもって、石綿及び石綿を0.1wt％を超えて含有する製剤その他の物の製造、輸入、譲渡、提供又は使用禁止となり、事実上、石綿の全面禁止となりました。現在では、我が国に特定粉じんの特定工場はないため、敷地境界基準等は規制基準としては生きていますが、実態はない、という状態になっています。大気汚染防止法における特定粉じんの規制は、専ら、建築物等の解体工事における石綿の飛散防止を目的とした「特定粉じん排出等作業」に対する作業基準等となっています。

　粉じんの規制は、特定粉じんも一般粉じんも、①排出口濃度基準ではないこと、②届出の日数の体系がばい煙等とは異なること（後述）が特徴です。

2 粉じんの規制対象物質

　粉じんとは、物の破砕、選別その他の機械的処理又は堆積に伴い発生し、又は飛散する物質をいいます。

　特定粉じんは、石綿が指定されており、**一般粉じん**は特定粉

じん以外の粉じんをいいます。

3 一般粉じんの構造・使用・管理基準

一般粉じん発生施設とは、「工場又は事業場に設置される施設で一般粉じんを発生し、及び排出し、又は飛散させるもののうち、その施設から排出され、又は飛散する一般粉じんが大気の汚染の原因となるもので政令で定めるもの」をいい、具体的には大気汚染防止法施行令別表第2に定められています（表1）。

破砕機や土石の堆積場などの一般粉じん発生施設を設置する工場の種類ごとに定められた構造・使用・管理基準を遵守しなければなりません。

表1 一般粉じん発生施設(大気汚染防止法施行令別表第2)

	一般粉じん発生施設	規模
1	コークス炉	原料処理能力：50 t/ 日以上
2	鉱物（コークスを含み、石綿を除く。以下同じ。）又は土石の堆積場	面積：1,000 m² 以上
3	ベルトコンベア及びバケットコンベア（鉱物、土石、セメント用）	ベルト幅：75 cm 以上又はバケットの内容積：0.03 m³ 以上
4	破砕機及び摩砕機（鉱物、岩石、セメント用）	原動機の定格出力：75 kW 以上
5	ふるい(鉱物、岩石、セメント用)	原動機の定格出力：15 kW 以上

✅ ポイント

一般粉じんの規制は、排出口等からの濃度規制ではありません。粉じんを飛散させにくいような、施設の構造・使用・管理基準が定められています。

4 特定粉じんの敷地境界基準

特定粉じん発生施設とは、「工場又は事業場に設置される施設で特定粉じんを発生し、及び排出し、又は飛散させるもののうち、その施設から排出され、又は飛散する特定粉じんが大気の汚染のとなるもので政令で定めるもの」をいい、具体的には

表2 特定粉じん発生施設(大気汚染防止法施行令別表第2の2)

	特定粉じん発生施設	規模
1	解綿用機械	原動機の定格出力：3.7 kW 以上
2	混合機	
3	紡織用機械	
4	切断機	原動機の定格出力：2.2 kW 以上
5	研磨機	
6	切削用機械	
7	破砕機及び摩砕機	
8	プレス(剪断加工用のものに限る)	
9	穿孔機	

＊石綿を含有する製品の製造の用に供する施設に限り、湿式及び密閉式のものを除く。

大気汚染防止法施行令別表第2に定められています(表2)。

　特定粉じん発生施設を設置している者は、工場・事業場の敷地境界線における大気中濃度の基準(採取空気1L中に石綿10本以下)を遵守しなければなりません。

5 特定粉じん排出等作業に対する規制 (作業基準等)

　特定粉じん排出等作業に対する規制は、石綿が施工された建物の解体工事等における大気への石綿の飛散防止を目的として定められています※。

◉特定建築材料

　特定建築材料は、以下のものをいいます。
　①吹付け石綿
　②石綿を含有する断熱材
　③保温材及び耐火被覆材
　④石綿含有成型板等
　⑤石綿含有仕上塗材
(注：①～⑤の石綿が質量の0.1％を超えて含まれているもの)

◉**特定粉じん排出等作業**

　特定粉じん排出等作業とは、①特定建築材料が使用されている建築物その他の工作物（建築物等）を解体する作業、又は②改造、補修する作業をいいます。

◉**特定工事**

　特定粉じん排出等作業を伴う建設工事のことを**特定工事**といいます。

◉**事前調査**

　解体等工事の元請業者又は自主施工者は、建築物又は工作物の解体等を行うときは、あらかじめ特定建築材料の使用の有無を事前調査し、その結果を発注者、都道府県に報告しなければなりません（令和5年10月1日からは、事前調査を資格者（建築物石綿含有建材調査者等）が行うように義務付けられています）。

◉**特定粉じん排出等作業の実施の届出**

　吹付け石綿、石綿含有断熱材・保温材・耐火被覆材に係る作業については、作業を実施する14日前までに都道府県等に届出をしなければなりません。

◉**作業基準の遵守**

　作業基準には、以下の5項目が含まれます。作業基準は、下請け人も遵守しなくてはなりません。
　　①作業計画の作成
　　②掲示
　　③作業の方法（規則別表第7に定める作業の種類ごとに定める作業方法）
　　④実施状況の記録と保存
　　⑤知識を有する者による特定建築材料の除去の確認

◉特定粉じん排出等作業の結果の報告等

　特定工事の元請業者は、特定工事における特定粉じん排出等作業が完了したときは、発注者に対し結果を書面で報告し、作業記録を作成し、3年間保存しなければなりません。

　特定工事の自主施行者の場合も、作業記録を作成し、3年間保存しなければなりません。

大気汚染防止法

（定義等）

第2条

11　この法律において「特定粉じん排出等作業」とは、吹付け石綿その他の特定粉じんを発生し、又は飛散させる原因となる建築材料で政令で定めるもの（以下「特定建築材料」という。）が使用されている建築物その他の工作物（以下「建築物等」という。）を解体し、改造し、又は補修する作業のうち、その作業の場所から排出され、又は飛散する特定粉じんが大気の汚染の原因となるもので政令で定めるものをいう。

大気汚染防止法施行令

（特定建築材料）

第3条の3　法第2条第11項の政令で定める建築材料は、吹付け石綿その他の石綿を含有する建築材料とする。

（特定粉じん排出等作業）

第3条の4　法第2条第11項の政令で定める作業は、次に掲げる作業とする。

　一　特定建築材料が使用されている建築物その他の工作物（以下「建築物等」という。）を解体する作業

　二　特定建築材料が使用されている建築物等を改造し、又は補修する作業

練習問題

問2 大気汚染防止法に規定する一般粉じん発生施設に該当しないものはどれか。ただし，鉱物とはコークスを含み，石綿を除く。

(1) コークス炉：原料処理能力が1日当たり50トン以上であること。

(2) 鉱物又は土石の堆積場：面積が1000平方メートル以上であること。

(3) ベルトコンベア及びバケットコンベア（鉱物，土石又はセメントの用に供するものを除く。）：ベルトの幅が75センチメートル以上であるか，又はバケットの内容積が0.03立方メートル以上であること。

(4) 破砕機及び摩砕機（鉱物，岩石又はセメントの用に供するものに限り，湿式のもの及び密閉式のものを除く。）：原動機の定格出力が75キロワット以上であること。

(5) ふるい（鉱物，岩石又はセメントの用に供するものに限り，湿式のもの及び密閉式のものを除く。）：原動機の定格出力が15キロワット以上であること。

|解 説▶

大気汚染防止法に定められている一般粉じん発生施設に関する出題です。ばい煙発生施設に関する出題の方が多いので、戸惑うかも知れません。どれも一般粉じんが関係しそうにみえます。実はこの問題は簡単で、(3)の「鉱物、土石又はセメントの用に供するものを除く」が誤っています。下線部が、正誤が逆の表現になっています。

この部分（大気汚染防止法施行令別表第2のうち、3の項）の正しい表記は、「鉱物、土石又はセメントの用に供するものに限り、湿式のもの及び密閉式のものを除く」です。

正解 >> （3）

練習問題

問10　石綿（アスベスト）に関する記述として，誤っているものはどれか。

(1)　天然鉱物に産する繊維状けい酸塩鉱物のうち，6種類の鉱物が石綿と定義されている（ILO）。

(2)　石綿暴露作業に従事すると，石綿肺，肺がん，胸膜等の中皮腫などの発生の危険度が高まる。

(3)　石綿暴露による肺がんの危険度は，喫煙が加わると有意に高まる。

(4)　クリソタイルは，アモサイトやクロシドライトに比べて，中皮腫発生の危険度が高いとされている。

(5)　石綿及び石綿をその重量の 0.1 ％を超えて含有する製剤その他の物の製造，輸入，譲渡，提供又は使用が原則禁止されている。

│ 解　説 ▶

　6種類の石綿のうち、工業的に使用された石綿は、クリソタイル、アモサイト、クロシドライトの3種類です。<u>使用量はクリソタイルが最も多く使われました。ク</u><u>リソタイルよりも、アモサイト、クロシドライトの方が中皮腫を引き起こす毒性が</u><u>高い</u>とされています。このため、阪神淡路大震災を契機とした含有率1％以上の石綿の製造、使用等の禁止は、まず、アモサイト、クロシドライトから行われました。

　よって、(4)の「クリソタイルは、アモサイトやクロシドライトに比べて、中皮腫発生の危険度が高い」は誤りで、「アモサイトやクロシドライトの方がクリソタイルに比べて、中皮腫発生の危険度が高い」が正しいです。

正解 >> （4）

【類題】H23 問 8

　石綿のなかでは，<u>クリソタイルの発がん性が最も高い</u>（下線部が誤り）。

練習問題

問 1　大気汚染防止法に規定する特定粉じんに関する記述として，誤っているものは
どれか。

(1)　現在，特定粉じんとして定められている物質は，石綿と岩綿である。

(2)　特定建築材料は，特定粉じんを発生し，又は飛散させる原因となる建築材料
で政令で定めるものである。

(3)　石綿を含有する断熱材，保温材及び耐火被覆材は，特定建築材料である。

(4)　特定建築材料が使用されている工作物を解体する作業は，特定粉じん排出等
作業である。

(5)　吹付け石綿が使用されている建築物等を改造し，又は補修する作業は，特定
粉じん排出等作業である。

解　説

　特定粉じんとして定められているのは、石綿（アスベスト）だけですので、正解
は(1)と直ちにわかる簡単な問題です。

　岩綿（ロックウール）は、岩石からつくった人工繊維の一つで、玄武岩、安山岩、
蛇紋岩などの塩基性火成岩を溶融し、綿状の繊維にしたものです。断熱材、吸音材
などに用いられます。

　石綿が施行された建物の解体等に関して定められている「特定粉じん排出等作業」
に対する作業基準等の規制は、1996（平成 8）年に大気汚染防止法に規定されて以
降、何度も改正され、強化されてきました。現在の、基本的な用語とその対象範囲
を押さえておきましょう（2-6 **5**参照）。

正解 >>　(1)

2-7 水銀等の規制

ここでは「水銀等の規制」について解説します。水銀等の排出規制、水銀排出施設、自主的取組について理解しておきましょう。

1 概要

大気汚染防止法による水銀等の規制は、2013（平成25）年に採択された水俣条約に対応した国内法として整備[※1]されたものです。2015（平成27）年改正、2018（平成30）年施行となっています。

水銀等の規制も、VOC規制と同様に、①法規制と自主的取組を併用していること、②法規制対象者には、施設の届出、測定、排出基準の遵守の3つが義務付けられていること、が共通しています。ただし、VOCに比べて、規制対象となる業種範囲が狭いこと、自主的取組についても、対象施設が極めて限定されるため、自主的取組の対象範囲や、自主的取組で行うべきことを、法で規定しているのが特徴です。

2 水銀等の規制対象物質

水銀等とは、水銀及びその化合物をいいます。ガス状と粒子状の測定値の合算値です。

3 水銀等の排出規制

●水銀排出施設

水銀及びその化合物を排出する施設で、法規制対象となるものを「水銀排出施設」といいます。大気汚染防止法施行規則別表第3の3で施設の種類と規模を定めています。主要なものは以下のとおりです。届出られた施設数の約9割が廃棄物焼却炉[※2]

※1
水銀等の規制は、国際条約である水俣条約に対応した国内法の整備、という位置付けてつくられた。水銀等の大気排出に基づく健康被害を理由に規制されたものではない。

※2
第6章6-6表1（水銀排出施設数）参照

です。

①石炭専焼ボイラー

②非鉄金属（金・銅・亜鉛・鉛等）の精練・焙焼関連施設

③廃棄物焼却設備

④セメント焼成炉

法規制対象施設においては、①施設の届出、②排出基準の遵守、③排ガス中の水銀等の測定の3つが義務付けられています。

4 水銀等の自主的取組

●要排出抑制施設

水銀等の排出量が相当程度多い施設を「**要排出抑制施設**」（令別表第4の2）といい、その設置者には自主的に排出抑制に努めるよう求めています。

要排出抑制施設は、具体的には次の2つです。

①製銑の用に供する焼結炉（ペレット焼成炉を含む）

②製鋼の用に供する電気炉

●要排出抑制施設の設置者の自主的取組

自主的取組で行うべき事項が、法第18条の37で次のように定められています。

①自主的に遵守すべき基準の作成

②測定（結果の記録と保管を含む）

③排出抑制措置

④実施の状況と評価の公表

練習問題

問6　水銀及びその化合物に関する記述として，誤っているものはどれか。

(1)　有害大気汚染物質のうち，優先取組物質とされた23物質の一つである。

(2)　人への発がん性が強く示唆されている。

(3)　大気中濃度について，健康リスクの低減を図るための指針となる値として，
1年平均値が 0.04 µgHg/m³ 以下と設定されている。

(4)　平成25年度における環境省のモニタリング調査結果によると，全測定地点
で指針値が達成されている。

(5)　ごみ焼却炉では，廃棄物に含まれている水銀が排出されることがある。

解　説

　水銀及びその化合物（以下「水銀等」）は、有害大気汚染物質の優先取組物質に含まれ、指針値 0.04µgHg/m³ 以下（1年平均値）が定められています。水銀等は、2003（平成15）年9月に指針値が設定されて以来、1回も指針値を超過したことがない物質の1つです。(1)、(3)、(4)は正しい選択肢です。

◎ 1回も指針値を超過したことがない6物質

　塩ビモノマー、クロロホルム、水銀等、1,3-ブタジエンの4物質と、

　2020（令和2）年に追加された2物質：アセトアルデヒド、塩化メチル

　ごみ焼却炉は家庭からの廃棄物を焼却する炉であり、水銀等を含む廃棄物（例えば水銀電池、蛍光灯、水銀を使用した体温計等）が混入していると水銀等が排出されることがあります。廃棄物焼却施設は、水銀等の法規制対象である「水銀排出施設」の1つであることからも、水銀等が排出されることがある施設だといえます。(5)は正しい選択肢です。

　水銀等の発がん性については、IARC の報告（1993）では、無機水銀についてはグループ3（ヒトにおける発がん性に関しては分類できない）、メチル水銀化合物については 2B（発がん性の不十分な証拠あり）と分類してされています。よって、(2)の「人への発がん性が強く示唆されている」は誤りです。

正解 >> （2）

練習問題

問5　水銀及びその化合物に関する記述として，誤っているものはどれか。

(1)　有害大気汚染物質の一つであり，大気中濃度の指針値として，年平均値が 0.04 µgHg/m³ 以下と設定されている。

(2)　2017(平成29)年度には，3つの測定地点で指針値を超過していた。

(3)　大気汚染防止法が改正され，2018(平成30)年4月1日から工場及び事業場における事業活動に伴う水銀等(水銀及びその化合物)の排出規制が施行された。

(4)　水銀排出施設には，石炭専焼ボイラー，セメントクリンカー製造施設，廃棄物焼却炉などがあり，それぞれに排出基準が定められている。

(5)　水銀排出施設から水銀等を大気中に排出する者は，定期的に排出ガス中の水銀濃度を測定，記録，保存しなければならない。

▎解　説 ▶

　前問と同様、水銀及びその化合物（以下「水銀等」）ついて、広範な知識を問う設問となっています。水銀等は、有害大気汚染物質、指針値設定物質、水銀等規制に関連しますので、こうした網羅的な出題がされやすい物質の1つだといえるでしょう。

　水銀等は有害大気汚染物質の優先取組物質に含まれ、年平均値 0.04µgHg/m³ 以下と設定されています。前問でも説明したように、水銀等は、指針値設定以来、一度も超過したことがありません。(1)は正しい選択肢です。(2)が誤りです。

　水銀等に係る法規制は、平成27年大気汚染防止法改正公布、平成30年施行にて実施されましたが、この目的は、水俣条約に対応した国内条約の担保であり、水銀等による大気汚染や人への健康被害を理由としたものではありません。法規制対象である水銀排出施設には、①石炭専焼ボイラー、②金・銅・亜鉛等の精錬・焙焼関連施設、③廃棄物焼却設備、④セメント焼成炉等があり、排出基準が定められています。また、水銀等の法規制対象施設では、VOC規制と同様、定期的な測定と、記録の保存が義務付けられています。(3)、(4)、(5)は正しい選択肢です。

　したがって、(2)が正解です。

正解 >> (2)

2-8 有害大気汚染物質対策の推進

　ここでは「有害大気汚染物質対策の推進」について解説します。出題頻度は高い傾向にあります。規制の対象となる施設や点検項目などについて理解しておきましょう。

1 概要

　有害大気汚染物質対策の推進は、1996（平成8）年の大気汚染防止法改正で導入されています。大気汚染防止法の第2章の5のタイトルは、ばい煙等のように「規制」ではなく、「有害大気汚染物質の対策の推進」となっており、事業者の「自主管理」に最大限重きをおき、法規制は最小、罰則等もない枠組みとなっています。

　自主管理の仕組みが導入された背景としては、

①20世紀後半に化学物質の種類・生産量・使用量が急激に拡大し、化学物質への長期暴露による健康被害が課題となってきたこと。

②公的機関による化学物質の毒性評価が、次々と開発・上市される化学物質の数に追いつかなくなったこと。

③カナダの化学業界が、遵法だけでなく、地域住民や自治体、取引先等のステークホルダに積極的に有害性やリスク情報を開示し、リスクコミュニケーションを図る活動（レスポンシブル・ケア活動）を1985年から始めたこと。

などが契機となっています。レスポンシブル・ケア活動は、1992年のリオ・サミットでも評価され、有害大気汚染物質の自主管理の他、PRTR法などもこの活動の一環とみることができます。

※1
1996（平成8）年に最初に示された中環審答申には、有害大気汚染物質に該当する可能性のある物質が234物質、うち優先取組物質が22物質だが、2010（平成22）年に見直され、それぞれ248物質、23物質となっている。この見直しは、リスク評価の考え方に基づいているため、有害性に関する知見が新たに得られたものや、排出量が多いものが新たに選定されている。逆に、時代の変化に伴って、排出削減や代替が進んだもの、製品等の変化により使われなくなった物質等は削除されている。

② 有害大気汚染物質

大気汚染防止法において「有害大気汚染物質」とは、「継続的に摂取される場合には人の健康を損なうおそれがある物質で大気の汚染の原因となるもの」をいいます（法第2条第16項）。

有害大気汚染物質に該当する可能性がある物質、及び優先取組物質は中央環境審議会が答申により定めています※1。

①有害大気汚染物質に該当する可能性がある物質：248物質

②優先取組物質：23物質（①のうち、有害性の程度や大気環境の状況等に鑑み健康リスクがある程度高いと考えられる物質）

③自主管理物質：12物質（②のうち、平成9〜11年度、平成13〜15年度の2期にわたり、自主管理※2が行われた物質）

④環境基準設定物質：4物質（②のうち、ベンゼン、トリクロロエチレン、テトラクロロエチレン、ジクロロメタン）

⑤指針値設定物質：11物質（②のうち、指針値が設定されて

有害大気汚染物質に該当する可能性がある物質（248）

優先取組物質（23）

環境基準設定物質（4）

指定物質（3）

＊ベンゼン
＊トリクロロエチレン
＊テトラクロロエチレン

＊ジクロロメタン

指針値設定物質（11）
＊アクリロニトリル
＊アセトアルデヒド
＊塩化ビニルモノマー
　塩化メチル
＊クロロホルム
＊1,2-ジクロロエタン
　水銀及びその化合物
＊ニッケル化合物
　ヒ素及びその化合物
＊1,3-ブタジエン
　マンガン及びその化合物

クロム及びその化合物
六価クロム化合物
酸化エチレン
ダイオキシン類
トルエン
ベリリウム及びその化合物
ベンゾ[a]ピレン
＊ホルムアルデヒド

＊有害大気汚染物質の自主管理が行われた12物質。うち、ニッケル化合物は粉じん様のため（一社）日本鉱業協会が、その他11の化学物質は（一社）日本化学工業協会が業界団体としてとりまとめて実施されました。

図1　有害大気汚染物質の物質の体系と包含関係

いる物質。環境基準予備軍と考えるとよいでしょう。モニタリング調査が行われ、長期にわたり指針値を超過する場合は、環境基準の設定が検討されることがあります)

⑥**指定物質**：3物質(④のうち、ベンゼン、トリクロロエチレン、テトラクロロエチレン)

3 指定物質と指定物質抑制基準

有害大気汚染物質のうち、法規制対象物質に相当するのが、3つの指定物質(ベンゼン、トリクロロエチレン、テトラクロロエチレン)です。指定物質を排出する施設を「指定物質排出施設」といい、その施設の種類ごと(規模要件あり)に、「指定物質抑制基準」が定められています。

指定物質抑制基準は、「排出基準」と同じような意味ですが、罰則の体系も異なるため、区別のために語句を使い分けています。指定物質抑制基準をオーバーしても、都道府県による「勧告」が行われるだけで、罰則はありません。

※2
有害大気汚染物質の自主管理は、平成9〜11年度の3年間を第1期、平成12年度のレビューを経て、平成13〜15年度の3年間を第2期として実施された。(一社)日本化学工業協会がとりまとめて実施された11の化学物質の自主管理では、2期を通じて11物質平均78％の排出削減を達成した。

練習問題

問6 環境基準が設定されている有害大気汚染物質はどれか。

(1) アクリロニトリル

(2) 塩化ビニルモノマー

(3) ジクロロメタン

(4) 1,2-ジクロロエタン

(5) クロロホルム

| 解 説 ▶

有害大気汚染物質のうち、環境基準が設定されている4物質は、指定物質3物質（ベンゼン、トリクロロエチレン、テトラクロロエチレン）に、ジクロロメタンを加えた4物質です。

ジクロロメタンは、2001（平成13）年に環境基準が制定されましたが、測定点のすべてで環境基準値以下であったため、指定物質への追加は見送られています。環境基準値はあるが、排出基準や指定物質抑制基準がない、という枠組みは、一酸化炭素（CO）と同様です。

選択肢にあるアクリロニトリル、塩化ビニルモノマー、1,2-ジクロロエタン、クロロホルムはいずれも、「環境基準予備軍」である指針値が設定され、大気環境濃度のモニタリングが行われている物質です。

したがって、(3)が、環境基準が設定されている有害大気汚染物質です。

正解 >> （3）

2-9 排出基準の設定方法

排出基準の設定方法について、表1を理解しておきましょう。

1 排出基準の設定方法

排出基準は、施設と規模に応じて定めるのが基本ですが、規制物質に応じて、少し異なっている場合もあります(表1)。

表1 排出基準の設定方法

対象物質／規定条文	設定方法	備考
いおう酸化物(規則第3条)	地域の区分ごとに排出口の高さに応じて定める	K値規制
ばいじん(規則第4条) 窒素酸化物(規則第5条第1項第2号) 揮発性有機化合物(規則第15条の2) 水銀等(規則第16条の18)	施設の種類及び規模ごとに定める	排出口における濃度規制
有害物質(NO$_x$を除く) (規則第5条第1項第1号)	有害物質の種類及び施設の種類ごとに定める	
特定有害物質 (法第3条第2項第4号に枠組みのみ規定)	特定有害物質の種類ごとに排出口の高さに応じて定める	いおう酸化物と同様な排出口高さに応じた規制ができる「特定有害物質」を定めているが、具体的な物質は規定されていないため、排出基準の実態はない。

2-10 排出基準の遵守の措置

2-4 〜 2-9では、規制対象（ばい煙、揮発性有機化合物、粉じん、水銀等、有害大気汚染物質）、その規制対象物質及び排出規制を解説しました。2-10以降は、こうした規制を事業者が守る上で必要な措置について解説します。

1 届出

事業者は、法規制対象施設を設置するときは、自治体に届出を行う必要があります。大まかに、次のように覚えましょう。

①自治体が内容確認を要し、変更命令の余地のある事項は、事前届出で、期限は60日。

②自治体が単に届出を受理すればよい事項は、事後届出で、期限は30日。

なお、粉じんについては、日数の設定が上記とは異なります。例えば、特定粉じんの作業届出＝事前届出で期限は14日、一般粉じんの施設の届出＝届出期限は直前まで、となっています。

表1 届出の日数期限

事前届出	ばい煙発生施設・揮発性有機化合物排出施設・特定粉じん発生施設の設置	工事着手の60日前までに届出（一般粉じん発生施設については工事着手予定日まで）
	施設の構造等を変更（構造、使用方法、ばい煙の処理方法等）	工事着手の60日前までに届出（一般粉じん発生施設については工事着手予定日まで）
	特定粉じん排出等作業を実施	作業開始の14日前までに届出
事後届出	すでに設置されている施設がばい煙発生施設に指定されたとき	指定後30日以内に届出
	氏名・名称等の変更	変更後30日以内に届出
	施設の使用を廃止	使用廃止後30日以内に届出
	施設を譲り受けた（借り受けた）とき	承継後30日以内に届出

2 測定と常時監視

◉測定

排出基準を遵守しているかを確認するには、定期的に、排出口等において測定を行う必要があります。

測定の記録の保存義務はいずれも3年間となっています。

不記録、虚偽記録、記録を保存しない場合、30万円以下の罰金が科されます（2010（平成22）年5月改正）。

◉常時監視

都道府県知事に常時監視義務が課されています（法第22条）。放射性物質は従来は対象外でしたが、東日本大震災を機に改正され、環境大臣が監視することとなっています（2013（平成25）年6月改正）。

この監視による情報に基づいて、環境基準の達成状況の確認、緊急時の措置等の発令が可能です。また、汚染が進行した場合には、上乗せ基準の設定等の措置ができます。

個々の発生源に対する監視は、立ち入り検査によります。

表2 測定頻度

ばい煙	大規模施設		2か月を超えない期間毎に1回以上
	小規模施設（ばいじん及び有害物質）		年2回以上
	総量規制基準が適用されている施設		常時測定
揮発性有機化合物	揮発性有機化合物排出施設		年1回以上測定（H25.3改正）※1
特定粉じん	特定粉じん排出者		年2回以上※2
水銀等	水銀等排出者	大規模	4か月に1回
		小規模	6か月に1回
		その他銅・鉛・亜鉛の溶解炉と廃鉛蓄電池、廃はんだの溶解炉	年1回以上

※1
揮発性有機化合物の測定頻度は従来年2回以上であったが、平成25年に1回以上に緩和されている。

※2
敷地境界線における濃度測定。（常時使用する従業員が20人以下の場合、当分の間、測定不要。）

練習問題

問1 大気汚染防止法に規定する揮発性有機化合物濃度の測定に関する記述中，下線を付した箇所のうち，誤っているものはどれか。

揮発性有機化合物濃度の測定の結果は，測定の年月日及び時刻，測定者，測定
(1)   (2)   (3)
箇所，測定法並びに揮発性有機化合物排出施設の使用状況を明らかにして記録し，
(4)
その記録を 5 年間保存すること。
(5)

| 解 説 |

揮発性有機化合物の排出施設での濃度の測定（大気汚染防止施行規則第 15 条の 3）に関する出題です。規則第 15 条の 3 の条文は以下のとおりです。

（揮発性有機化合物濃度の測定）
第15条の3 法第17条の12の規定による揮発性有機化合物濃度の測定及びその結果の記録は、次の各号に定めるところによる。
一 揮発性有機化合物濃度の測定は、環境大臣が定める測定法により、年1回以上行うこと。
二 前号の測定の結果は、測定の年月日及び時刻、測定者、測定箇所、測定法並びに揮発性有機化合物排出施設の使用状況を明らかにして記録し、その記録を3年間保存すること。

揮発性有機化合物の規制を始めた大気汚染防止法改正時（2006（平成 18）年 4 月施行）は年 2 回以上でしたが、2013（平成 25）年 3 月に年 1 回以上に緩和されています。

なお、揮発性有機化合物に限らず、ばい煙、特定粉じん、水銀等のいずれも、測定の記録の保存年限は 3 年となっています。

したがって、(5)の「5 年間」が誤りです。

正解 >> (5)

2-11 事故時の措置

事故時の措置は、ばい煙と特定物質が対象で、特定物質かどうかという問題が頻出されています。特定物質には、規制対象物質も含まれますが、それ以外の特定物質は、通常時は排出規制等がないことを理解しておきましょう。

1 概要

事故、破損などにより、ばい煙や特定物質が多量に排出された場合、直ちに応急の措置を講じ、復旧に努め（法第17条第1項）、事故の状況を都道府県知事に通報しなければなりません（法第17条第2項）。

都道府県知事は、事故の拡大又は再発防止のために必要な措置を命じることができます（法第17条第3項）。これに違反すると罰則が科されます（法第33条の2）。

表1　特定物質（28物質）

アンモニア	りん化水素（ホスフィン）	ベンゼン	クロロ硫酸（クロロスルホン酸）
ふっ化水素	塩化水素	ピリジン	黄りん
シアン化水素	二酸化窒素	フェノール	三塩化りん
一酸化炭素	アクロレイン（アクリルアルデヒド）	硫酸	臭素
ホルムアルデヒド	二酸化硫黄	ふっ化けい素	ニッケルカルボニル
メタノール	塩素	ホスゲン（塩化カルボニル）	五塩化りん
硫化水素	二硫化炭素	二酸化セレン	（エチル）メルカプタン（エタンチオール）

練習問題

問3　大気汚染防止法に定める事故時の措置に関する記述中, (ア)〜(エ)の　　　　の中に挿入すべき語句の組合せとして, 正しいものはどれか。

　都道府県知事（又は政令で定める市の長）は, ばい煙発生施設又は　(ア)　について故障, 破損その他の事故が発生し, ばい煙又は　(イ)　が大気中に多量に排出された場合において, 当該事故に係る工場又は事業場の周辺の区域における　(ウ)　が損なわれ, 又は損なわれるおそれがあると認めるときは, 当該ばい煙発生施設を設置している者又は当該　(ア)　を工場若しくは事業場に設置している者に対し, その事故の拡大又は再発の防止のため必要な措置をとるべきことを　(エ)　ことができる。

	(ア)	(イ)	(ウ)	(エ)
(1)	指定物質排出施設	特定物質	人の健康	勧告する
(2)	指定物質排出施設	指定物質	人の健康	勧告する
(3)	特定施設	特定物質	生活環境	勧告する
(4)	特定施設	指定物質	生活環境	命ずる
(5)	特定施設	特定物質	人の健康	命ずる

| 解　説 |

　事故時の措置について定めた法第17条からの出題です。出題文では、都道府県知事がとれる措置命令を定めた法第17条第3項と、その中の「第1項に規定する事故が発生した場合」の部分の具体的な内容を法第17条第1項を引用して示しています。

　第17条第1項、及び法第17条第3項の条文は以下のとおりです。

> （事故時の措置）
> 第17条　ばい煙発生施設を設置している者又は物の合成、分解その他の化学的処理に伴い発生する物質のうち、人の健康若しくは生活環境に係る被害を生ずるおそれがあるものとして政令で定めるもの(以下「特定物質」という。)を発生する施設(ばい煙発生施設を除く。以下「特定施設」という。)を工場若しくは事業場に設置している者は、ばい煙発生施設又は特定施設について故障、破損その他の事故が発生し、ばい煙又は特定物質が大気中に

> 多量に排出されたときは、直ちに、その事故について応急の措置を講じ、かつ、その事故を速やかに復旧するように努めなければならない。
> 第17条第3項
> 3　都道府県知事は、第1項に規定する事故が発生した場合において、当該事故に係る工場又は事業場の周辺の区域における人の健康が損なわれ、又は損なわれるおそれがあると認めるときは、その事故に係る同項に規定する者に対し、その事故の拡大又は再発の防止のため必要な措置をとるべきことを命ずることができる。

　事故時の措置の対象となるのは、**ばい煙**と**特定物質**です。特定物質は、法第17条第1項にあるように、「物の合成、分解その他の化学的処理に伴い発生する物質のうち、人の健康若しくは生活環境に係る被害を生ずるおそれがあるものとして政令で定めるもの」で、具体的には法施行令第10条で28物質が定められています。特定物質には、二酸化硫黄、二酸化窒素、塩素、塩化水素、ふっ化けい素、ふっ化水素、ベンゼンなど、排出基準や環境基準がある物質も含まれますが、その他にアンモニア等、事故時の大量漏洩時に対応が必要となる物質を含めて28物質となっています。

| POINT |

　事故時の措置の対象となるのは、ばい煙と特定物質です。したがって、(ア)は特定施設、(イ)は特定物質です。「指定物質排出施設」は、有害大気汚染物質のうち、指定物質であるベンゼン、トリクロロエチレン、テトラクロロエチレンを排出する施設（ただし規模要件あり）のことです。従い、選択肢(1)、(2)、(4)は誤りです。

　事故が発生したとき、工場又は事業場の周辺の区域において、(ウ)人の健康が損なわれ、あるいはそのおそれがある場合に、事故の拡大防止、再発防止のための措置をとることを(エ)命じることができます。

　したがって、(5)が正解です。

　法第17条第1項の特定物質の定義では、「人の健康若しくは生活環境に係る被害を生ずるおそれがあるもの」となっていますが、法第17条第3項の都道府県知事の措置命令に関しては「当該事故に係る工場又は事業場の周辺の区域における人の健康が損なわれ、又は損なわれるおそれがあると認めるとき」となっており、範囲が違うことに注意しましょう。

正解 >> （5）

練習問題

問2　大気汚染防止法に規定する事故時の措置に関する記述中，下線を付した箇所のうち，誤っているものはどれか。

　　ばい煙発生施設を設置している者又は物の合成，分解その他の化学的処理に伴い発生する物質のうち，人の健康若しくは生活環境に係る被害を生ずるおそれがあるものとして政令で定めるものを発生する施設を工場若しくは事業場に設置している者は，ばい煙発生施設又は特定施設について故障，破損その他の事故が発
(1)　　　　　　　　　　　　　　　　　(2)
生し，ばい煙又は有害物質が大気中に多量に排出されたときは，直ちにその事故
(3)　　　　　　　　　　　　　　　　　　　　　　　　　　(4)
について応急の措置を講じ，かつ，その事故を速やかに復旧するように努めなけ
(5)
ればならない。

解　説

前問と同様、事故時の措置について定めた法第17条第1項からの出題です。事故時の措置が必要なのは、ばい煙と特定施設から排出される特定物質です。下線部(3)の有害物質は、ばい煙に含まれますが、文脈としては異なります。

よって、(3)は「特定物質」が正しいです。

POINT

「指定物質」、「特定物質」、「有害物質」などのよく似た用語の内容を、しっかり押さえておきましょう。大気汚染防止法における「〇〇物質」、という用語を表にまとめておきます。

正解 >> （3）

表 大気汚染防止法での「〇〇物質」という語句の整理

用語	意味	規定されている物質
有害物質 （法第 2 条第 1 項第 3 号、令第 1 条）	物の燃焼、合成、分解その他の処理に伴い発生する物質のうち、カドミウムその他の人の健康又は生活環境に係る被害を生ずるおそれがある物質	カドミウム、塩素等、ふっ素等、鉛等、窒素酸化物（5物質）
特定有害物質 （法第 3 条第 2 項第 4 号）	いおう酸化物と同様に煙突高さによる着地濃度規制、特別排出基準が設定できる有害物質	（現在は指定なし）
有害大気汚染物質 （法第 2 条第 16 項）	継続的に摂取される場合には人の健康を損なうおそれがある物質で大気の汚染の原因となるもの	該当可能性 248 物質、優先取組物質 23 物質
指定物質 （法附則第 9 項、令附則第 3 項）	有害大気汚染物質のうち人の健康に係る被害を防止するためその排出又は飛散を早急に抑制しなければならない 3 物質	ベンゼン、トリクロロエチレン、テトラクロロエチレン（3 物質）
特定物質 （法第 17 条、令第 10 条）	「事故時の措置」に関連し、人の健康若しくは生活環境に係る被害を生ずるおそれがあるものとして政令で定める物質	アンモニア他 28 物質

練習問題

問3　大気汚染防止法の特定物質に該当しないものはどれか。

(1) 一酸化炭素

(2) 二硫化炭素

(3) 四塩化炭素

(4) 二酸化窒素

(5) 二酸化硫黄

┃解　説┃

　物質名を5つ挙げ、このうち大気汚染防止法の特定物質に該当しないものはどれか、という出題は、頻繁に出題されています。28物質すべてを暗記するのは大変なので、過去の問題を何度か解いて、選択肢や、誤りの物質としてよく出る物質名に慣れておきましょう。

　(3)は、特定物質に該当しません。

表　「特定物質」に関する過去の出題

年度	問題	特定物質でないもの（正解の選択肢）	特定物質（正解以外の選択肢）
令和4年度	問3	四塩化炭素	一酸化炭素、二硫化炭素、二酸化窒素、二酸化硫黄
平成30年度	問2	炭化水素	一酸化炭素、二酸化窒素、ふっ化けい素、塩素
平成28年度	問3	トルエン	ホルムアルデヒド、メタノール、アクロレイン、ベンゼン
平成27年度	問3	一酸化窒素	一酸化炭素、二酸化窒素、二酸化硫黄、二硫化炭素
平成25年度（主任）	問1	アセトアルデヒド	メタノール、アクロレイン、ベンゼン、フェノール
平成23年度	問7	一酸化窒素	アンモニア、塩化水素、ホルムアルデヒド、ふっ化水素

正解 >> （3）

2-12 緊急時の措置

事故時の措置と緊急時の措置の違いを理解しておきましょう。

1 概要

都道府県知事は、大気の汚染が著しく、人の健康又は生活環境に被害を及ぼすおそれがある場合（法第23条、施行令第11条）には、一般に周知しなければなりません。

また、著しい大気汚染の要因によっては、ばい煙排出者や揮発性有機化合物の排出者に対する濃度制限等の措置、あるいは自動車の運行制限等を都道府県公安委員会に要請することができます。

> **ポイント**
>
> 事故時の措置が、設備の故障等によるものであるのに対し、緊急時の措置は、固定発生源や移動発生源からの排出状況や気象条件等によって、著しい大気汚染が生じた場合の措置※を指しています。

※
地域において、大気濃度が環境基準値を超過しそうな場合に、硫黄分の少ない重油への切り替え、重油の使用量の制限など、状況によって事業者がどのように対応するかを協定により定めている場合がある。出題頻度は高くない。

2-13 損害賠償と無過失責任

ここでは「損害賠償と無過失責任」について解説します。無過失責任、賠償についてのしんしゃく等、理解しておきましょう。

1 概要

大気汚染防止法の目的の1つに、被害者の保護が挙げられています。大気汚染の場合は特に、大気汚染が元で生じた疾病と、その原因となった発生源との因果関係を証明することは困難であるため、法に無過失責任が規定され、別途、公害健康被害補償法による措置※が行われてきました。

※
公害健康被害補償法については第7章7-6参照。

2 無過失責任（法第25条）

事業活動に伴う健康被害物質の大気中への排出により、人の生命又は身体を害したときは、事業者に損害賠償責任が課されます。

大気汚染では、患者のぜん息等の疾病と、特定の工場が排出するばい煙等との因果関係を証明するのは困難との考え方から、1972（昭和47）年に法に規定されました。

3 賠償についてのしんしゃく

事業者の無過失責任について、裁判所は以下のしんしゃくが可能です。

①原因の程度が著しく低い事業者の損害賠償額（法第25条の2）

②天災その他の不可抗力が競合した場合の責任と賠償額（法第25条の3）

2-14 その他

2-10 ～ 2-13で、遵守の措置について解説しました。ここではそれ以外の事項について簡単に整理します。

1 報告及び検査（法第26条）

都道府県知事は、必要な限度において、報告を求め、立入り検査を行うことができます。

※
2-14の内容は、出題頻度は高くない。

2 適用除外等（法第27条）

●放射性物質

2013（平成25）年の改正により、除外規定を削除し、環境大臣が放射性物質による大気汚染状況を常時監視することとなりました。

●電気工作物及びガス工作物

電気事業法、ガス事業法、鉱山保安法の規定によるものはそれぞれの法によるものとし、大気汚染防止法では適用除外としています。

3 資料の提出の要求等（法第28条）

環境大臣は、この法律の目的を達成するため必要があると認めるときは、関係地方公共団体の長に対し、必要な資料の提出及び説明を求めることができます（法第28条第1項）。

また、都道府県知事は、この法律の目的を達成するため必要があると認めるときは、関係行政機関の長又は関係地方公共団体の長に対し、施設の状況等に関する資料の送付その他の協力を求め、又は大気の汚染の防止に関し意見を述べることができ

ます(法第28条第2項)。

4 国の援助（法第 29 条）

必要な資金のあっせん、技術的助言等の援助についての国の努力義務を規定しています。

5 研究の推進等（法第 30 条）

処理技術の研究等の推進と成果の普及についての国の努力義務を規定しています。

第3章

公害防止管理者法
特定工場における公害防止組織の整備に関する法律

3-1　公害防止管理者法（大気関係）

公害防止管理者法の大気に関する内容について解説します。法律の枠組み
は公害総論の範囲ですので、ここでは大気関係の内容を中心に理解しておき
ましょう。

1 概要

特定工場における公害防止組織の整備に関する法律（以下、
公害防止管理者法[※]）は、公害総論では全般的に出題対象となっ
ていますが、大気概論ではこのうち、大気関係の内容について
出題されます。よく出題されるのは、次の3つに関することで
す。

※：公害防止管理者法
「組織整備法」と略すこ
とも多いですが、本書
では「公害防止管理者
法」で統一します。

　①ばい煙発生施設が、公害防止管理者法の対象となっている
　　か（廃棄物焼却炉は対象外）。
　②公害防止管理者法のばい煙発生施設と選任すべき大気関係
　　公害防止管理者の資格区分が合致しているか（大気汚染防
　　止法の有害物質を取り扱う施設かどうかはよく出題されま
　　す）。
　③大気関係公害防止管理者の職務（公害防止管理者法施行規
　　則第6条）（「ばい煙発生施設」と、「ばい煙を処理するため
　　の施設」の違い、設備の「改善」は業務対象外）。

☑ ポイント

公害防止管理法の目的は、大気概論よりは、公害総論での出題範囲
となっています。この目的の条文で、「公害防止統括者等の制度」と
なっていることに注意しましょう。つまり、国家資格者である公害
防止管理者等だけでなく、工場長などを含めて権限を持った「組織」
を整備せよ、といっているわけです。

2 目的

　この法律（特定工場における公害防止組織の整備に関する法律）は、公害防止統括者等の制度を設けることにより、特定工場における公害防止組織の整備を図り、もって公害の防止に資することを目的としています（公害防止管理者法第1条）。

3 対象工場

　特定の業種に属し、かつ、特定の公害発生施設を設置している工場が対象となります。

4 対象業種

　製造業（物品の加工業含む）、電気供給業、ガス供給業、熱供給業の4業種が対象となります（公害防止管理者法施行令第1条）。

5 対象施設

　公害防止管理者法の「ばい煙発生施設」は、大気汚染防止法の「ばい煙発生施設」（大気汚染防止法施行令別表第1）のうち、廃棄物焼却炉を除いたもの（公害防止管理者法施行令第2条第1項）をいいます[1]。

6 特定工場

　公害防止管理者法の特定工場は、次の2つが規定されていま

※1
公害防止管理者法では、対象となる施設についてはすべて、個別規制法の規制対象施設を参照する形で定めている。例えば大気関係では、公害防止管理者法の「ばい煙発生施設」は、大気汚染防止法施行令の「ばい煙発生施設」を参照している（ただし、廃棄物焼却炉は除く）。同様に公害防止管理者法の「汚水等排出施設」は、水質汚濁防止法施行令の「特定施設」の一部を指している。

> **ポイント**
>
> 公害防止管理者等の選任を必要とする特定工場の規定については、よく理解しておきましょう。要点は、以下の3点です。
> 　①製造業等、4業種に属していること
> 　②公害防止管理者法のばい煙発生施設を有していること（廃棄物焼却炉は対象外）
> 　③排出ガス量と有害物質の取り扱いによる、1種～4種の区分

す。

①有害物質を排出する^{※2}ばい煙発生施設が設置されている工場(公害防止管理者法施行令第2条第1号)

②有害物質を排出しないばい煙発生施設が設置され、排出ガス量1万m³/h以上の工場(公害防止管理者法施行令第2条第2号)

※2
「有害物質を排出する施設」を有する特定工場が、公害防止管理者法施行令第2条第2項に定められ、具体的には「大気汚染防止法施行令別表第1の9の項に掲げるばい煙発生施設又は同表の14の項から26の項までに掲げるばい煙発生施設」となっている。実際には、有害物質を使用する、あるいは取り扱っていても、万全の排出防止措置が施されていることによって、大気中に排出していない、というケースもあるが、本書では「有害物質を排出する施設」と表記することとする。

ポイント

公害防止管理者法の法令の条文そのものは、複雑に感じるかも知れませんが、以下のように理解しましょう。

公害防止管理者法の対象となる工場は、

①対象業種の4業種に属しており、

②公害防止管理者法のばい煙発生施設(大気汚染防止法のばい煙発生施設のうち、廃棄物焼却炉を除いたもの)を有し、

③大気汚染防止法の有害物質を排出する場合は規模要件なし、有害物質を排出しない場合は排出ガス量1万m³/h以上の規模要件(有害物質なしで排出ガス量1万m³/h未満なら、公害防止管理者を置かなくてよい)がある。

練習問題

問4　特定工場における公害防止組織の整備に関する法律に規定するばい煙発生施設
に該当しないものはどれか。

(1)　電流容量が30キロアンペア以上の，アルミニウムの製錬の用に供する電解
炉

(2)　容量が0.1立方メートル以上の，カドミウム系顔料又は炭酸カドミウムの製
造の用に供する乾燥施設

(3)　バーナーの燃焼能力が重油換算1時間当たり3リットル以上の，活性炭の製
造(塩化亜鉛を使用するものに限る。)の用に供する反応炉

(4)　火格子面積が2平方メートル以上であるか，又は焼却能力が1時間当たり
200キログラム以上の，廃棄物焼却炉

(5)　燃料の燃焼能力が重油換算1時間当たり50リットル以上の，ガスタービン

解説

大気汚染防止法におけるばい煙発生施設は、大気汚染防止法施行令別表第1に、
33の施設が規模要件とともに規定されています。一方、特定工場における公害防
止組織の整備に関する法律におけるばい煙発生施設は、大気汚染防止法施行令別表
第1を参照する形で定めています。ただし、<u>同表13の項の廃棄物焼却炉は除く</u>、
となっています。

> 公害防止管理者法施行令
> (ばい煙発生施設等)
> 第2条　法第2条第1号の政令で定める施設は、<u>大気汚染防止法施行令(昭和
> 43年政令第329号)別表第1に掲げる施設(同表の13の項に掲げる施設を除
> き</u>、これらに相当する施設で鉱山保安法(昭和24年法律第70号)第2条第2
> 項ただし書の附属施設に設置されるものを含む。)とする。

したがって、(4)が公害防止管理者法に規定するばい煙発生施設に該当しません。

POINT

大気汚染防止法のばい煙発生施設のうち、公害防止管理者法のばい煙発生施設で
はないものはどれか、という出題は、過去に何度か出題されていますが、すべて、

「廃棄物焼却炉」という回答しかあり得ません。「廃棄物焼却炉は公害防止管理者の選任対象外」ということはしっかり覚えておきましょう。

正解 >> （4）

【類題】令和2・問4、平成30・問4、平成25・問3、平成21・問4

3-2 選任すべき 大気関係公害防止管理者の区分

ここでは「選任すべき大気関係公害防止管理者の区分」について解説します。規模（排出ガス量）と、有害物質の排出の有無により、第1種から第4種の資格区分に分かれていることを理解しておきましょう。

1 概要

大気関係の公害防止管理者は、規模（排出ガス量）と、有害物質の排出の有無により、第1種から第4種の4つの資格区分に分かれています※。

2 大気関係公害防止管理者の資格区分

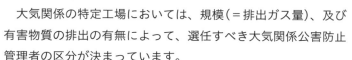

大気関係の特定工場においては、規模（＝排出ガス量）、及び有害物質の排出の有無によって、選任すべき大気関係公害防止管理者の区分が決まっています。

①大規模（排出ガス量40,000m³/h以上）で有害物質あり→大気関係第1種

②小規模（排出ガス量40,000m³/h未満）で有害物質あり→大気関係第2種（1種有資格者も選任できます）

③大規模（排出ガス量40,000m³/h以上）で有害物質なし→大気関係第3種（1種有資格者も選任できます）

④小規模（排出ガス量40,000m³/h未満）で有害物質なし→大気関係第4種（1種、2種、3種有資格者も選任できます）。
なお、排出ガス量10,000m³/h未満は対象外（裾切り）です（公害防止管理者を選任しなくてもよい）。

※
選任すべき公害防止管理者の区分の試験科目をすべて含む上位資格を持っていれば、選任することができる。

95

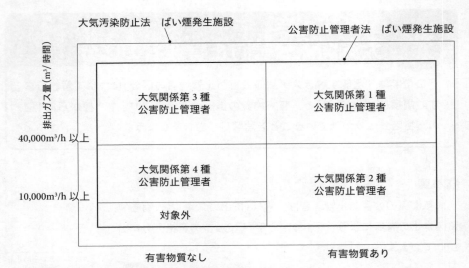

図1 大気関係の4つの資格と選任すべき公害防止管理者の関係

練習問題

問4　特定工場における公害防止組織の整備に関する法律施行令に規定する「大気関係第1種有資格者」以外の者を，公害防止管理者として選任できない施設はどれか。

(1) 排出ガス量が1時間当たり2万立方メートルの特定工場に設置された塩素化エチレンの製造の用に供する塩素急速冷却施設

(2) 排出ガス量が1時間当たり5万立方メートルの特定工場に設置された製銑，製鋼又は合金鉄若しくはカーバイドの製造の用に供する電気炉

(3) 排出ガス量が1時間当たり5万立方メートルの特定工場に設置されたほたる石を原料として使用するガラス製品の製造の用に供する溶融炉

(4) 排出ガス量が1時間当たり2万立方メートルの特定工場に設置された塩化第二鉄の製造の用に供する溶解槽

(5) 排出ガス量が1時間当たり5万立方メートルの特定工場に設置された石油ガス洗浄装置に付属する硫黄回収装置のうち燃焼炉

| 解　説 |

公害防止管理者法（大気関係）の頻出パターンとして、大気関係の第1種～第4種の選任すべき区分と、公害防止管理者法のばい煙発生施設の関係があります。大気関係第1種公害防止管理者は、大規模（排出ガス量＝4万 m^3/h 以上）で、有害物質の排出があること（有害物質5物質の排出施設）が条件です。

排出ガスの規模から、(1)と(4)は4万 m^3/h に満たないので除かれます。あとは有害物質が関連するかですが、(3)の「ほたる石を原料として使用するガラス製品の製造の用にに供する溶融炉」が該当します。ほたる石は、主成分がふっ化カルシウム（CaF_2）で、ふっ素化合物が排出されます。ふっ化水素は有害物質の1つであり、これが該当します。

したがって、(3)が公害防止管理者として大気関係第1種の有資格者しか選任できない施設です。

正解 >> (3)

練習問題

問 4　特定工場における公害防止組織の整備に関する法律施行規則に定める「大気関係第 1 種公害防止管理者」以外の者を選任してはならない施設はどれか。

ただし、いずれも製造業に属する工場に設置され、大気汚染防止法施行令別表第 1 に掲げる規模の施設であるものとする。

(1)　排出ガス量が 1 時間当たり 4 万立方メートル以上の特定工場に設置された
　　コークス炉

(2)　排出ガス量が 1 時間当たり 4 万立方メートル未満の特定工場に設置された
　　ボイラー

(3)　排出ガス量が 1 時間当たり 1 万立方メートル未満の特定工場に設置された
　　カドミウム系顔料の製造の用に供する乾燥施設

(4)　排出ガス量が 1 時間当たり 1 万立方メートル以上の特定工場に設置された
　　廃棄物焼却炉

(5)　排出ガス量が 1 時間当たり 4 万立方メートル以上の特定工場に設置された
　　銅の精錬の用に供する焼結炉

┃ 解　説 ▶

公害防止管理者法第 2 条と、同施行令第 2 条を、意訳的に書いてみると、次のようになります。

公害防止管理者法

（特定工場の定義）

第 2 条　この法律において「特定工場」とは、<u>製造業その他の政令で定める業種に属する事業の用に供する工場のうち、次に掲げるもの</u>をいう。

　一　大気関係については、ばい煙を発生し、及び排出する施設のうち、<u>公害防止管理者法施行令第 2 条で定めるばい煙発生施設が設置されている工場のうち、政令で定めるもの</u>

公害防止管理者法施行令

第 2 条　<u>公害防止管理者法のばい煙発生施設</u>は、大気汚染防止法施行令別表第 1 に掲げる施設（同表の 13 の項に掲げる廃棄物焼却炉を除き、鉱山保安法関連

の該当施設を含む）とする。

2　大気関係の特定工場は、次に掲げるとおりとする。

一　大気汚染防止法施行令別表第1の9の項に掲げるばい煙発生施設※又は同表の14の項から26の項までに掲げるばい煙発生施設（表）のいずれかが設置されている工場

※硫化カドミウム、炭酸カドミウム、ほたる石、珪弗化ナトリウム又は酸化鉛を原料として使用するガラス又はガラス製品の製造の用に供するものに限る。

二　前号に掲げる工場以外の工場で排出ガス量が1万 m^3/h 以上のもの

| POINT ▶

前問と同様に、排出ガス量が4万 m^3/h 以上であるか、有害物質の排出があるか（公害防止管理者法施行令第2条第2項第1号のばい煙発生施設を設置されている工場）により判定します。

大気関係第1種を選任すべき工場は、まず、規模は排出ガス量4万 m^3/h 以上ですから、(3)と(4)は除かれます。次に、(1)のコークス炉、(2)のボイラー、(5)の銅精錬の焼結炉のうち、有害物質排出施設はどれか、となりますが、(5)は、大気汚染防止法施行令別表第1の14号に示されている「銅、鉛又は亜鉛の精錬の用に供する焙焼炉、焼結炉、溶鉱炉、転炉、溶解炉及び乾燥炉」に相当しますので、これが正解です。

大気汚染防止法施行令別表第1のうち、第9号と第14〜26号までが、大気関係の有害物質が関連する施設です。銅、鉛、亜鉛、カドミウム等は、天然鉱石では比較的混在・随伴して産出されやすい成分です。

正解 ≫ （5）

表　公害防止管理者法の大気関係の特定工場のうち有害物質が関連するもの

9	窯業製品の製造の用に供する焼成炉及び溶融炉	火格子面積が 1 m² 以上であるか、バーナーの燃料の燃焼能力が重油換算 50 L/h 以上であるか、又は変圧器の定格容量が 200 kVA 以上であること。
14	銅、鉛又は亜鉛の精錬の用に供する焙焼炉、焼結炉（ペレット焼成炉を含む。）、溶鉱炉（溶鉱用反射炉を含む。）、転炉、溶解炉及び乾燥炉	原料の処理能力が 0.5 t/h 以上であるか、火格子面積が 0.5 m² であるか、羽口断面面積が 0.2 m² 以上であるか、又はバーナーの燃料の燃焼能力が重油換算 20 L/h 以上であること。
15	カドミウム系顔料又は炭酸カドミウムの製造の用に供する乾燥施設	容量が 0.1 m³ 以上であること。
16	塩化エチレンの製造の用に供する塩素急速冷却施設	原料として使用する塩素（塩化水素にあっては塩素換算量）の処理能力が 50 kg/h 以上であること。
17	塩化第二鉄の製造の用に供する溶解槽	
18	活性炭の製造（塩化亜鉛を使用するものに限る。）の用に供する反応炉	バーナーの燃料の燃焼能力が重油換算 3 L/h 以上であること。
19	化学製品の製造の用に供する塩素反応施設、塩化水素反応施設及び塩化水素吸収施設（塩素ガス又は塩化水素ガスを使用するものに限り、前 3 項に掲げるもの及び密閉式のものを除く。）	原料として使用する塩素（塩化水素にあっては、塩素換算量）の処理能力が 50 kg/h 以上であること。
20	アルミニウムの製錬の用に供する電解炉	電流容量が 30 kA 以上であること。
21	燐、燐酸、燐酸質肥料又は複合肥料の製造（原料として燐鉱石を使用するものに限る。）の用に供する反応施設、濃縮施設、焼成炉及び溶解炉	原料として使用する燐鉱石の処理能力が 80 kg/h 以上であるか、バーナーの燃料の燃焼能力が重油換算 50 L/h 以上であるか、又は変圧器の定格容量が 200 kVA 以上であること。
22	弗酸の製造の用に供する凝縮施設、吸収施設及び蒸溜施設（密閉式のものを除く。）	伝熱面積が 10 m² 以上であるか、又はポンプの動力が 1 kW 以上であること。
23	トリポリ燐酸ナトリウムの製造（原料として燐鉱石を使用するものに限る。）の用に供する反応施設、乾燥炉及び焼成炉	原料の処理能力が 80 kg/h 以上であるか、火格子面積が 1 m² 以上であるか、又はバーナーの燃料の燃焼能力が重油換算 50 L/h 以上であること。
24	鉛の第二次精錬（鉛合金の製造を含む。）又は鉛の管、板若しくは線の製造の用に供する溶解炉	バーナーの燃料の燃焼能力が重油換算 10 L/h 以上であるか、又は変圧器の定格容量が 40 kVA 以上であること。
25	鉛蓄電池の製造の用に供する溶解炉	バーナーの燃料の燃焼能力が重油換算 4 L/h 以上であるか、又は変圧器の定格容量が 20 kVA 以上であること。
26	鉛系顔料の製造の用に供する溶解炉、反射炉、反応炉及び乾燥施設	容量が 0.1 m³ 以上であるか、バーナーの燃料の燃焼能力が重油換算 4 L/h 以上であるか、又は変圧器の定格容量が 20 kVA 以上であること。

練習問題

問4　特定工場における公害防止組織の整備に関する法律施行令に規定する「大気関係第4種有資格者」を，公害防止管理者として選任できない施設はどれか。

(1)　排出ガス量が1時間当たり2万立方メートルの特定工場に設置された石油製品の製造の用に供する加熱炉

(2)　排出ガス量が1時間当たり3万立方メートルの特定工場に設置された製鋼の製造の用に供する電気炉

(3)　排出ガス量が1時間当たり1万立方メートルの特定工場に設置された鉛蓄電池の製造の用に供する溶解炉施設

(4)　排出ガス量が1時間当たり1万立方メートルの特定工場に設置された硝酸の製造用吸収施設

(5)　排出ガス量が1時間当たり3万立方メートルの特定工場に設置されたガスタービン

解説

前の2問と似ていますが、今度は、大気関係の第4種の公害防止管理者の有資格者を選任してはならない施設はどれか、という設問になっています。

まず、排出ガス量の規模ですが、5つの選択肢いずれも、1万 m^3/h 以上（4種は裾切りがあります）かつ4万 m^3/h 未満ですので、これだけでは判断できません。次に、有害物質を排出する施設か、でみると、(3)が有害物質の1つである鉛が関連する施設ですから、これが正解とわかります。有害物質が関連する特定工場では、大規模（排出ガス量4万 m^3/h 以上）なら大気関係第1種、小規模なら第2種を選任しなくてはなりません。

正解 >> （3）

【参考】

選任すべき区分に対して、上位の資格区分（資格試験を構成する科目が、すべて包含されるような区分）の保有者は、選任することができます。

・大気関係第4種を選任すべき工場では、大気関係第1種、2種、3種、4種の

有資格者を選任できる。

・大気関係第 3 種を選任すべき工場では、大気関係第 1 種、3 種の有資格者を選任できる。

・大気関係第 2 種を選任すべき工場では、大気関係第 1 種、2 種の有資格者を選任できる。

・大気関係第 1 種を選任すべき工場では、大気関係第 1 種の有資格者のみ選任できる。

3-3 選任と届出

公害防止管理者等を選任すべき事由が生じた場合、一定の日数内に選任し、届出を行う必要があります。どちらかといえば公害総論の範囲ですが、基本的なことなので、ここで整理しておきましょう。

1 公害防止統括者及び代理者

公害防止統括者は、工場長や事業所長を選任するイメージです。<u>公害防止管理者等の国家資格を必要としません。</u>

常時使用する従業員の数が20人以下[※1]の場合は、統括者の選任は不要です。

複数工場の兼務が可能[※2]です。

2 公害防止管理者及び代理者

公害防止管理者及び代理者には、有資格者を選任する必要があります。

<u>兼務工場の数は5以下まで</u>で、兼務してもよい要件は、「特定工場における公害防止組織の整備に関する法律施行規則第5条第2号ただし書(第10条第2項において準用する場合を含む。)に基づく基準」によります。これにより、兼務工場間を2時間以内で到着できる、同種又は類似あるいは生産工程上密接な関係がある、兼務工場を監視できる通信手段がある、などの条件を満たしていなくてはなりません。

3 公害防止主任管理者及び代理者

公害防止主任管理者及び代理者は、「公害防止主任管理者」の有資格者を選任する必要がありますが、それ以外に、「大気関係第1種又は3種」及び、「水質関係第1種又は3種」、つまり、大気と水質の両方の大規模の資格を有している場合は、主任管

※1
「21名以上」の考え方は、同一の会社で、複数の事業所を有する場合は、全事業所の合計で従業員数を判断する。

※2
統括者の兼務工場数の制限はない。

第1章
第2章
第3章
第4章
第5章
第6章
第7章
第8章

理者として選任することができます。

　主任管理者については、複数工場の兼務は不可となっています。

4 選任と届出の日数

　選任と届出の日数は、30日・60日の体系です（表1）。

表1　公害防止管理者等の届出日数

選任・届出	日数
公害防止管理者・主任管理者(代理者)の選任	選任を要する事由が発生した日から60日以内に選任
公害防止統括者(代理者)の選任	選任を要する事由が発生した日から30日前以内に選任
公害防止統括者・主任管理者・公害防止管理者・代理者の届出	選任した日から30日以内に届出

> **ポイント**
> ①「国家資格要」の主任、公害防止管理者、代理者の選任は、60日以内。
> ②「資格不要」の公害防止統括者、代理者の選任は、30日以内。
> ③これらすべての届出は、30日以内。

第1章
第2章
第3章
第4章
第5章
第6章
第7章
第8章

3-4 大気関係公害防止管理者（粉じん関係も含む）の業務

大気関係公害防止管理者の業務については、大気概論の中では頻出ポイントです。出題の傾向をしっかり押さえておきましょう。

1 概要

大気関係公害防止管理者（粉じん関係も含む）の業務[1]が、公害防止管理者法施行規則第6条に規定されています。この内容は、公害防止管理者の担当する実務そのものです。

2 大気関係公害防止管理者の業務

大気関係公害防止管理者の業務は、ばい煙、特定粉じん、一般粉じんそれぞれの発生施設設置工場ごとに規定されています。

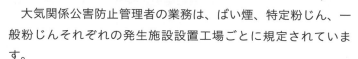

●大気関係公害防止管理者の職務（公害防止管理者法施行規則第6条第1項）

条文の表現そのままではないですが、まとめると以下の7項目となります。

①使用する燃料又は原材料の検査

②ばい煙発生施設の点検

③ばい煙発生施設において発生するばい煙を処理するための施設及びこれに附属する施設の操作、点検及び補修

④ばい煙量又はばい煙濃度の測定の実施及びその結果の記録

⑤測定機器の点検及び補修

⑥特定施設についての事故時における応急の措置の実施

⑦ばい煙に係る緊急時におけるばい煙量又はばい煙濃度の減少、ばい煙発生施設の使用制限、その他の必要な措置の実

※1
公害防止管理者法第3条で、公害防止管理者の種類（大気関係、水質関係…）ごとに、統括者の業務を定め、公害防止管理者の業務は、このうち技術的な事項として、施行規則第6条で具体的に定めている。公害防止管理者法の中では「業務」という用語と「職務」という用語がともに使われています。「職務」は、担当業務全般、「業務」は個々の業務を指している。

施

●特定粉じん関係公害防止管理者（公害防止管理者法施行規則第6条第4項）

　大気関係で示した7項目のうち、5項目（①、②、③、④、⑤）

●一般粉じん関係公害防止管理者（公害防止管理者法施行規則第6条第5項）

　大気関係で示した項目のうち、3項目（①、②、③）

騒音関係や振動関係の公害防止管理者には、騒音・振動発生施設の「配置の改善」、「操作の改善」などの改善業務がある。

ポイント

②の「発生施設」は「点検」のみ。これに対し、③の「処理施設」は公害防止施設なのでより密接に業務に関連し、点検の他に操作、補修も含みます。

「改善」は大気や水質の公害防止管理者の職務ではありません※2。

練習問題

問4　特定工場における公害防止組織の整備に関する法律に規定する大気関係公害防止管理者が管理する業務として，定められていないものはどれか。

(1)　使用する燃料または原材料の検査

(2)　ばい煙発生施設の点検および補修

(3)　測定機器の点検および補修

(4)　特定施設についての事故時における応急の措置の実施

(5)　ばい煙発生施設において発生するばい煙を処理するための施設およびこれに附属する施設の操作，点検および補修

| 解　説 |

公害防止管理者法施行規則第6条第1項に規定されている、大気関係公害防止管理者の業務に関する出題です。資格取得後の実務に直接関係する内容であり、非常に頻繁に出題されています。

| POINT |

公害防止管理者の業務に関する出題パターンの1つ目は、次のとおりです。

①ばい煙発生施設に関する業務は、点検のみである。

②ばい煙を処理するための施設に関する業務は、この施設がより公害防止に密接に関連していることから、点検に加えて、操作、補修が含まれる。

したがって、(2)が大気関係公害防止管理者が管理する業務として、定められていません（「補修」が誤り）。

正解 >> (2)

練習問題

問4 特定工場における公害防止組織の整備に関する法律に規定する大気関係公害防止管理者が管理する業務として，定められていないものはどれか。

(1) 使用する燃料または原材料の検査

(2) ばい煙発生施設の補修

(3) ばい煙量またはばい煙濃度の測定の実施およびその結果の記録

(4) 特定施設についての事故時における応急の措置の実施

(5) ばい煙に係る緊急時におけるばい煙量またはばい煙濃度の減少，ばい煙発生施設の使用の制限その他の必要な措置の実施

| 解 説 ▶

前問と同様に、ばい煙発生施設に関する業務は、点検のみであり、補修ではありません。

したがって、(2)が大気関係公害防止管理者が管理する業務として、定められていません。

正解 >> (2)

練習問題

問4　特定工場における公害防止組織の整備に関する法律に規定する大気関係公害防止管理者が管理する業務として，定められていないものはどれか。

(1)　使用する燃料または原材料の検査

(2)　測定機器の点検および補修

(3)　ばい煙量またはばい煙濃度の測定の実施およびその結果の記録

(4)　ばい煙発生施設の配置の改善

(5)　ばい煙に係る緊急時におけるばい煙量またはばい煙濃度の減少，ばい煙発生施設の使用の制限その他の必要な措置の実施

解説

　引き続き大気関係公害防止管理者の業務に関する出題です。ばい煙発生施設に関する公害防止管理者の業務は、点検だけです。(4)の「施設の配置の改善」は法定業務ではありません。

POINT

　大気関係公害防止管理者の業務に関する出題のうち、2つめの典型的パターンは、次のとおりです。

　「改善」は大気関係の公害防止管理者の業務ではありません。

正解 >> （4）

練習問題

平成19・問4

問4 特定工場における公害防止組織の整備に関する法律における，ばい煙発生施設を有する特定工場の公害防止管理者の業務として，定められていないものはどれか。

(1) 使用する燃料または原材料の購入

(2) ばい煙発生施設の点検

(3) ばい煙量またはばい煙濃度の測定の実施およびその結果の記録

(4) 測定機器の点検および補修

(5) 特定施設についての事故時における応急の措置の実施

解 説

引き続き大気関係公害防止管理者の業務に関する出題です。使用する燃料または原材料に関する公害防止管理者の業務は、検査です。購入ではありません。

したがって、(1)がばい煙発生施設を有する特定工場の公害防止管理者の業務として、定められていません。

POINT

この問題は、大気関係公害防止管理者の業務に関する出題の2つの典型的パターンには該当しませんが、「購入」という、かなり違和感のある語句が混じっています。法律で公害防止管理者に燃料や原材料の購入を義務付ける、という文脈は違和感があります。時々は、こうした全く違う語句に気づくことも必要です。

正解 >> (1)

練習問題

問4 特定工場における公害防止組織の整備に関する法律に規定する大気関係公害防止管理者が管理する業務として，誤っているものはどれか。

(1) 使用する燃料又は原材料の検査

(2) ばい煙発生施設の点検

(3) ばい煙発生施設において発生するばい煙を処理するための施設及びこれに附属する施設の操作，点検及び補修

(4) ばい煙量又はばい煙濃度の測定の実施及びその結果の記録

(5) 平常時におけるばい煙量又はばい煙濃度の減少，ばい煙発生施設の使用の制限その他の必要な措置の実施

| 解 説 ▶

大気関係公害防止管理者の業務に関する新しいタイプの出題です。

「ばい煙量又はばい煙濃度の減少、ばい煙発生施設の使用制限、その他の必要な措置の実施」は、緊急時に行うべき措置であり、「平常時」ではありません。

したがって、(5)が誤りです。

正解 >> (5)

第 4 章

大気汚染の現状

4-1 環境基準達成率の傾向

第4章は大気汚染の現状について解説します。

ここでは大気関係の環境基準設定物質の環境基準達成率について、物質ごとに現状を整理します。

1 概要

よく出る！

2015（平成27）年度の実績までは、一般環境大気測定局（一般局）と自動車排出ガス測定局（自排局）の環境基準達成率を与えれば、その物質が何かわかる、という傾向がありました[※1]が、最近では一般局、自排局ともに環境基準達成率100％となる物質も増えています。年により、100％になったり、99.x％になったりしている場合もあります。およその濃度や、一般局と自排局の濃度の大小関係も押さえておきましょう。

※1
平成26年度に浮遊粒子状物質の自排局が100％となっている点だけは例外だが、それ以外は達成率から物質がわかる傾向があった。

2 硫黄酸化物

よく出る！

硫黄酸化物（SO_x）[※2]は二酸化硫黄（SO_2）と三酸化硫黄（無水硫酸）（SO_3）が問題です。多くを占める二酸化硫黄に対して、環境基準は設定されています。化石燃料（重油や石炭）の燃焼によって発生するものが大部分です。

2020（令和2）年度の環境基準達成率（長期評価）は一般局99.7％、自排局100％です。ガソリンの脱硫が進んでおり、自排局は近年達成率100％が続いています。一般局は年度により、99.x％だったり、100％だったりします。

2020（令和2）年度の年平均濃度は、一般局0.001ppm、自排局0.001ppmで、濃度は横ばいです。

※2
硫黄酸化物は、ばいじんと同様、ばい煙としてもっとも古くから規制されている。

3 二酸化窒素

一酸化窒素（NO）と二酸化窒素（NO_2）が主体（この2つを合わ

せて「NO_x」といいます)で、物の燃焼に伴って発生します。高温燃焼の過程でほとんどNOの形態で排出されますが、大気中で酸化しNO_2になります。毒性の観点からも、環境基準は二酸化窒素に対して設定されています。

　二次反応でオゾンなどの過酸化物を生成します(気象条件などが特殊な条件で光化学スモッグを形成)。また、二次粒子状物質の生成要因にもなります。

　2020(令和2)年度の環境基準達成率(長期評価)は一般局100％、自排局100％です。一般局は近年達成率100％が続いています。自排局は年度により、99.x％だったり、100％だったりします。

　2020(令和2)年度の年平均濃度は、一般局0.007ppm、自排局0.014ppmでした。濃度は緩やかな低下傾向を示しています。後述のように、NO_xの方が、SO_xよりも排出量が多く、濃度も少し高い傾向があります。

☑ ポイント

窒素酸化物は、燃料中の窒素に由来するフューエルNO_xと、空気中の窒素が酸化して生じるサーマルNO_xとがあるのが大きな特徴です。

---

4 一酸化炭素

　大部分が自動車排出ガスによるものです。家庭等からの排出もあります。

　1983(昭和58)年以降、一般局、自排局ともに、環境基準達成率100％が続いています。

　2020(令和2)年度の年平均濃度は、一般局0.2ppm、自排局0.3ppmで、濃度は横ばい傾向です。

よく出る！

5 光化学オキシダント

光化学反応による大気汚染の重要な指標です。日射により、NO_x等と反応し、光化学オキシダント[※3]が生成します。大部分はオゾンです。

環境基準設定物質のうち、<u>光化学オキシダントだけは、環境基準達成率が極めて低水準で推移している</u>のが特徴です。

2020（令和2）年度の達成率は一般局0.2％、自排局0％となっています。一般局の達成率が0 ～ 0.2％、自排局0％という傾向があります。

2021（令和3）年の光化学オキシダント注意報の発令延日数は29日で、前年比45日からは減少しました。発令延日数は長期的に見れば減少していますが、年度により、前年度からの増減にばらつきがあります。

◉**光化学オキシダントの昼間の1時間値の濃度レベル別割合（一般局）**

・0.06ppm 以下　　　　95.0％

・0.06 ～ 0.12ppm　　5.0％

・0.12ppm 以上　　　　0％[※3]

[※3]
一般局における光化学オキシダントの測定は、日射のある5:00 ～ 20:00の1日15回の連続測定が行われる。全国の約1,100箇所の測定局で、欠測がなければ、1年間でのべ約600万個の測定データになるが、一方で光化学オキシダント注意報（0.12ppmを超え、それが継続しそうな場合に発令）は出ているので、上記の「0％」は、0.12ppmを超えた測定点がない、という意味ではない。有効数字で丸めた結果の表記であることに注意。

☑ **ポイント**

光化学オキシダントは、大気中のNO_xと、VOC等の炭化水素類から、光化学反応によって生じる酸化力が強い物質です。環境基準達成率が、一般局、自排局ともに、限りなく0％に近い値なのが特徴です。

6 浮遊粒子状物質[※4]（SPM）

浮遊粉じんのうち粒子径10μm以下のものは大気中に比較的長時間滞留し、呼吸器にも影響します。

2020（令和2）年度の環境基準達成率は一般局99.9％、自排局100％でした。従来は、一般局、自排局とも99.x％という傾向がありましたが、2016（平成28）年度以降、自排局は100％を維持しています。一般局は2016（平成28）年度と2019（平成元）年度に100％（＝この2つの年度は一般局も自排局も100％を達成）ですが、その他の年度は達成率99.x％となっています。

2020（令和2）年度の年平均濃度は、一般局0.014mg/m^3、自排局0.015mg/m^{3}でした。濃度は緩やかな低下傾向にあります。

7 微小粒子状物質[※5]（PM$_{2.5}$）

環境基準は2009（平成21）年9月に設定されました。

環境基準達成率は長期基準（年平均値）と短期基準（日平均値）をともに満たした場合に、その地点で達成していると評価します。2013（平成25）年度からの数年で急速に改善しています。

2020（令和2）年度の環境基準達成率は一般局98.3％、自排局98.3％でした。微小粒子状物質の環境基準達成率は、かなりよくなっていますが、他の物質（ただし、光化学オキシダントは除く）と比較するとこれだけは現状では、99％に達していません（98.x％の値）。

2020（令和2）年度の年平均濃度は、一般局9.5μg/m^3、自排局10.0μg/m^{3}となっています。

※4
浮遊粒子状物質は、粒子径が10μm以下の粒子で、1973（昭和48）年に環境基準が定められている。

※5
微小粒子状物質は、2.5μm以下の粒子を50％カットできる分流装置を使い粗大側を除いた粒子をいい、疫学的にも、特に微粒子側の健康影響があることがわかってきたため、2009（平成21）年に環境基準が定められた。

第1章
第2章
第3章
第4章
第5章
第6章
第7章
第8章

練習問題 R4・問5を改変

問3 微小粒子状物質に関する記述として、誤っているものはどれか。

(1) $PM_{2.5}$ に係る環境基準は、年平均値が $15\mu g/m^3$ 以下，かつ，1日平均値が $25\mu g/m^3$ 以下である。

(2) 2020（令和2）年度における有効測定局数は、一般環境大気測定局が844，自動車排出ガス測定局が237であった。

(3) 2020（令和2）年度における環境基準達成率は、一般環境大気測定局で98.3%であり、2015（平成27）年度の達成率よりも、10ポイント以上上昇している。

(4) 自動車排出ガス測定局での環境基準達成率は、2015（平成27）年度以降、一般環境大気測定局でのそれと低いまたは同じ状態が続いている。

(5) 2020（令和2）年度における $PM_{2.5}$ の環境基準達成率は、一般環境大気測定局及び自動車排出ガス測定局において、浮遊粒子状物質のそれよりも低い。

| 解 説 |

$PM_{2.5}$ の環境基準は、年平均値が $15\mu g/m^3$ 以下，かつ，1日平均値が $35\mu g/m^3$ 以下です。環境基準達成率の選択肢にいく前に、(1)が正解とわかってしまうのですが、達成率の傾向についてはみておきましょう。

微小粒子状物質の環境基準達成率は、経年的な変化をみると、2013（平成25）年度以降、急激に改善しています。2010（平成22）～2013（平成25）年度までは、年度を追うにつれ、有効測定局数が増えているため、達成率が変動しています。また、2013（平成25）年度は、7～8月に光化学オキシダント濃度が高かったため、微小粒子状物質の日平均値濃度が高くなり、短期基準の達成率が低下しています。

表 微小粒子状物質の環境基準達成率の推移（単位：%）

	2010 （H22）	2011 （H23）	2012 （H24）	2013 （H25）	2014 （H26）	2015 （H27）	2016 （H28）	2017 （H29）	2018 （H30）	2019 （R1）	2020 （R2）
一般局	32.4	27.6	43.3	16.1	37.8	74.5	88.7	89.9	93.5	98.7	98.3
自排局	8.3	29.4	33.3	13.3	25.8	58.4	88.3	86.2	93.1	98.3	98.3

正解 >> （1）

8 有害大気汚染物質

　低濃度であっても、長期間暴露した場合に健康影響が懸念される物質です。

　有害大気汚染物質で環境基準が定められている4物質は、ほとんど環境基準達成率は100％ですが、ベンゼンのみ、まれに超過する地点が生じることがあります。

◉**環境基準が設定されている 4 物質（指定物質＋ジクロロメタン）**

　①**ベンゼン**：ほとんどの年で環境基準達成率100％ですが、時々 99.x ％となることがありますので、出題対象年度の達成率を確認しておく必要があります。2020（令和2）年度は達成率100％となっています。

　②**トリクロロエチレン、テトラクロロエチレン、ジクロロメタンの3物質**：環境基準達成率は100％を継続しています。

◉**指針値が設定されている11 物質**

　2020（令和2）年度に指針値を上回ったものは11物質中2つ（ひ素及びその化合物、1,2-ジクロロエタン）でした。ひ素は、自然由来もあるため、指針値設定以来、必ず指針値を超過する測定点が生じています。

表1 指針値設定物質（11物質）の指針値超過の傾向

分類	該当物質
1回も指針値を超過したことがない6物質	塩化ビニルモノマー、クロロホルム、水銀及びその化合物、1,3-ブタジエン 令和2年追加の2物質：アセトアルデヒド、塩化メチル（今のところ超過なし）
指針値を下回る年が多いが、まれに超過する1物質	アクリロニトリル
指針値を超過する年が多いが、まれに指針値以下になる3物質	1,2-ジクロロエタン、ニッケル化合物、マンガン及びその化合物
1回も全地点で指針値以下だったことがない1物質	ひ素及びその化合物[6]

※6
ひ素は自然発生源もあるため、一部のモニタリング地点で指針値を超過してしまう傾向がある。

📝 ポイント

指針値設定物質は令和元年まで9物質でしたが、2020（令和2）年にアセトアルデヒド、塩化メチルの2物質が追加され、11物質となっています。表1の4グループの傾向があります。出題対象年度に対して、アクリロニトリル、1,2-ジクロロエタン、ニッケル化合物、マンガン及びその化合物の4物質が超過していたかどうかを確認しましょう。

4-2　環境基準達成率のまとめ

環境基準達成率関係の出題は、主に次の2つになります。
①環境基準設定物質の達成率、濃度、一般局と自排局の濃度の大小
②有害大気汚染物質のうち、指針値設定物質の指針値超過の状況

1 環境基準達成率のまとめ

　環境基準達成率について、出題対象となる2020（令和2）年度実績についてまとめておきます。環境基準達成率の数値、その傾向、理由、一般局と自排局の濃度の大小を押さえておきましょう。国家試験の過去問題を2020（令和2）年度実績に応じて改変したものを練習問題として挙げておきます。様々な出題パターンにも慣れておきましょう。

表1 環境基準達成率のまとめ（令和2年度）

環境基準設定物質	環境基準達成率、年平均値（令和2年度）		達成率の特徴と理由
	一般局	自排局	
二酸化硫黄	99.7% 0.001 ppm	100% 0.001 ppm	・一般局 99.x%、自排局 100%の傾向 ・平成 28 年度に一般局、自排局とも 100%を達成したが、平成 29 年度以降、従来の傾向に戻っている。 ・ガソリンの脱硫が進んでおり、自排局の達成率 100%が続いている。
二酸化窒素 （NO_xPM 法対策地域）	100% (100%) 0.007 ppm	100% (100%) 0.014 ppm	・一般局 100%、自排局 99.x%の傾向だった。 ・令和元年度に初めて、一般局、自排局とも 100%を達成 ・一般局は達成率 100%が続いている。 ・自排局は自動車排ガスの影響で 99.x%が続いていた。
一酸化炭素	100% 0.2 ppm	100% 0.3 ppm	・昭和 58 年以降、一般局、自排局とも達成率 100%が続いている。
光化学オキシダント	0.2%	0%	・一般局 0〜0.2%、自排局 0%の傾向 ・達成率がほぼ 0、と覚えておく。
浮遊粒子状物質	99.9% 0.014 mg/m³	100% 0.015 mg/m³	・従来は一般局 99.x%、自排局 99.x%の傾向だった（平成 26 年度の自排局のみ 100%）。 ・自排局は平成 28 年度から 100%を維持。 ・平成 28 年度と令和元年度に、一般局、自排局とも 100%を達成
微小粒子状物質	98.3% 9.5 µg/m³	98.3% 10.0 µg/m³	・一般局と自排局の達成率が、ともに 99%には達しない数値となっている。 ・例えば平成 25 年度の環境基準達成率は一般局 16.1%、自排局 13.3%だったが、近年、急速に達成率が上がっている。
有害大気汚染物質	ベンゼン 100% 0.79 µg/m³ トリクロロエチレン 100% 1.3 µg/m³ テトラクロロエチレン 100% 0.086 µg/m³ ジクロロメタン 100% 1.3 µg/m³		・ベンゼンだけは、時々、環境基準を超過することがある。 ・ベンゼン以外の 3 物質は、ずっと達成率 100%を継続している。

練習問題 H24・問5を改変

問5 長期的評価に基づく環境基準の達成率に関する以下の記述に該当する大気汚染物質はどれか。

令和2年度は一般環境大気測定局で98.3%，自動車排出ガス測定局で98.3%であり，令和元年度に比べて一般環境大気測定局で0.4ポイントの低下，自動車排出ガス測定局は前年度と同じ達成率であった。

(1) 二酸化硫黄
(2) 二酸化窒素
(3) 一酸化炭素
(4) 浮遊粒子状物質
(5) 微小粒子状物質

解説

環境基準達成率は、ほぼ毎年出題されているといっていいほど、頻出の問題です。環境基準物質ごとの特徴を押さえておきましょう。また近年は、一般局や自排局で100%を達成する物質も多くなってきました。このため、一般局と自排局の濃度の大小など、環境基準達成率の出題傾向が少し変わってきています。

POINT

出題の各物質の環境基準達成率の傾向は以下のとおりです。

物質	達成率		傾向
	一般局	自排局	
二酸化硫黄	99.x ～ 100%	100%	自排局は100%を継続
二酸化窒素	100%	99.x ～ 100%	一般局は100%を継続
一酸化窒素	100%	100%	昭和58年度から両局100%を継続
浮遊粒子状物質	99.x ～ 100%	100%	自排局は平成28年度から100%を継続
微小粒子状物質	< 99%	< 99%	光化学オキシダントを除いて99%に達していないのはこれだけ。

環境基準達成率が限りなく0%に近い光化学オキシダントを除いて、環境基準達成率が99%に届いていない物質は、微小粒子状物質だけです。2013（平成25）年ごろまでは非常に達成率が低かったのですが、その後数年の間に達成率が劇的に改善しています。したがって、(5)が正解です。

正解 >> （5）

練習問題 H29・問5を改変

問5 光化学オキシダント（Ox）及び微小粒子状物質（PM$_{2.5}$）に関する記述として、誤っているものはどれか。

(1) 令和2年度では、すべての一般環境大気測定局で、Ox の環境基準は達成されなかった。

(2) 令和2年度の一般環境大気測定局における昼間の1時間値の Ox の濃度レベル別割合をみると、1時間値が 0.06ppm 以下の割合は 95.0％であった。

(3) 令和3年における光化学オキシダント注意報等の発令延べ日数（都道府県単位での発令日の全国合計値）は 45 日であった。

(4) 令和2年度における PM$_{2.5}$ の年平均値は、一般環境大気測定局で 9.5μg/m^3 であった。

(5) 令和2年度における PM$_{2.5}$ の環境基準達成率は、一般環境大気測定局で 98.3％、自動車排出ガス測定局で 98.3％であった。

解 説

　光化学オキシダントの環境基準達成率は、環境基準が「1時間値が 0.06ppm 以下」と厳しいこともあり、一般局、自排局ともに、毎年 0％に近い値となっています。一般局は、全国におよそ 1,100 箇所あり、このうち1か所で達成すれば環境基準達成率 0.1％、2か所で達成すれば環境基準達成率 0.2％、のような達成率になります。出題の対象となる年度の一般局の達成率は、確認しておきましょう。自排局は近年 0％が続いています。

　光化学オキシダントの昼間の濃度別割合は、測定値の 95％程度が 0.06ppm 以下となっています。つまり、濃度値そのものは、平均値的にはそれほど高い訳ではありません。なお、0.12ppm 以上の測定値は「0％」となっていますが、一方で注意報は出ていますので、これは有効数字の関係で丸めた結果「0％」となっているだけで、0.12ppm 以上の測定値がなかった、という意味ではないので注意しましょう。

　微小粒子状物質については、近年達成率が改善しており、しかしながら今のところ 99％には達していません。2020（令和2）年度は一般局の達成率と、自排局の達成率はともに 98.3％と同じでした。濃度としては、一般局より自排局がやや高い傾向があります。

| POINT ▶

2020（令和 2）年度の Ox の一般局の達成率は 0.2 ％でした。極めて低いものの、達成した一般局がわずかにあった、ということになります。

したがって、(1)が誤りです。

正解 ≫ （1）

練習問題 R2・問7を改変

問7 2020（令和2）年度の一般環境大気測定局における環境基準の達成率に関する記述として、誤っているものはどれか。

(1) 二酸化硫黄（SO_2）の長期的評価については、99.7％であった。
(2) 二酸化窒素（NO_2）の長期的評価については、100％であった。
(3) 浮遊粒子状物質（SPM）の長期的評価については、100％であった。
(4) 光化学オキシダントについては、0.2％であった。
(5) 微小粒子状物質（$PM_{2.5}$）については、98.3％であった。

| 解 説 |

「4-2 ❶表1」に示したように、2015（平成27）年度まで（ただし2014（平成26）年度のSPMを除く）は、一般局と自排局の環境基準達成率を与えれば、その環境基準設定物質が何であるか、一意に決まる、という状況でした。その後も少しずつ改善が進み、両局とも100％を達成する物質も出てきています。

一般局の環境基準達成率については、二酸化硫黄、浮遊粒子状物質については、2017（平成29）年度以降、99.x％だったり、100％になったり、と変動しています。出題対象年度の一般局の環境基準達成率を、今一度押さえておきましょう。

物質	達成率		傾向
	一般局	自排局	
二酸化硫黄	99.x ～ 100％	100％	自排局は100％を継続
二酸化窒素	100％	99.x ～ 100％	一般局は100％を継続
一酸化窒素	100％	100％	昭和58年度から両局100％を継続
光化学オキシダント	0.2％	0％	・一般局0 ～ 0.2％、自排局0％の傾向 ・達成率がほぼ0、と覚えておく。
浮遊粒子状物質	99.x ～ 100％	100％	自排局は平成28年度から100％を継続
微小粒子状物質	＜ 99％	＜ 99％	光化学オキシダントを除いて99％に達していないのはこれだけ。

また、光化学オキシダントは近年、一般局は 0 ～ 0.2％、自排局は0％、という

傾向となっています。こちらも、出題対象年度の一般局の環境基準達成率を、確認
しておきましょう。

| POINT ▶

　2020（令和 2）年度の一般局の環境基準達成率は、二酸化硫黄が 99.7％、二酸化
窒素が 100％、一酸化炭素が 100％、浮遊粒子状物質が 99.9％、微小粒子状物質が
98.3％でした。また、光化学オキシダントについては、0.2％でした。

正解 ≫ （3）

練習問題 R3・問5を改変

問5　2020（令和2）年度において、環境基準達成率と年平均値が、いずれも一般環境大気測定局よりも自動車排出ガス測定局のほうが高い大気汚染物質はどれか。
(1)　二酸化硫黄
(2)　二酸化窒素
(3)　一酸化窒素
(4)　浮遊粒子状物質
(5)　微小粒子状物質

解　説

　2020（令和2）年度における選択肢の5物質の環境基準達成率、年平均値は以下のとおりです。二酸化硫黄は、ガソリンの脱硫が進んでおり、一方で一般に使われる重油等の燃料には硫黄分が含まれることから、自排局の達成率が100%を維持し、達成率が一般局＜自排局となる傾向がありました。近年は時々、一般局も自排局も達成率100%となる年度があります。濃度については、旧来は一般局＜自排局の傾向でしたが、2015（平成27）年度以降、年平均値が一般局と自排局で等しい状況が続いています。

　一方、浮遊粒子状物質の達成率は、2015（平成27）年度までは一般局、自排局とも99.x%でしたが、2016（平成28）年度以降は、自排局は100%を維持しています。一般局は年度によって、99.x%の時と、100%となる年度があります。二酸化窒素、一酸化炭素、浮遊粒子状物質、微小粒子状物質など多くの物質で、一般局よりも自

表　一般局と自排局の環境基準達成率、年平均値の大小関係

| | 環境基準達成率 | | 年平均値 | | |
	一般局	自排局	一般局		自排局
二酸化硫黄	99.7%	< 100%	0.001ppm	=	0.001ppm
二酸化窒素	100%	= 100%	0.007ppm	<	0.014ppm
一酸化炭素	100%	= 100%	0.2ppm	<	0.3ppm
浮遊粒子状物質	99.9%	< 100%	0.014mg/m^3	<	0.015mg/m^3
微小粒子状物質	98.3%	= 98.3%	9.5μg/m^3	<	10.0μg/m^3

排局の方が、濃度が高い傾向があります。

| POINT ▶

　表より、2020（令和 2）年度について、環境基準達成率、年平均濃度ともに自排局の方が高いのは、浮遊粒子状物質です。

正解 ≫ （4）

練習問題 R1・問7を改変

令和元・問7

問7 2020（令和2）年度において、指針値を超過した有害大気汚染物質はどれか。
(1) 塩化ビニルモノマー
(2) 1,2-ジクロロエタン
(3) ニッケル化合物
(4) アクリロニトリル
(5) マンガン及びその化合物

|解 説▶

環境基準達成率の代わりに、環境基準予備軍である「指針値」の達成状況について出題されることがあります。指針値設定対象物質は、2019（令和元）年度までは9物質であり、そのうち指針値を達成している物質／指針値を超過した物質は毎年、4〜5物質、という傾向でした。そのため、指針値を（達成した／超過した）×物質として（正しいもの／誤っているもの）の4パターンとも出題される傾向がありましたが、2020（令和2）年度にアセトアルデヒド、塩化メチルの2物質が追加され、11物質となり、また、超過物質の数も減っています。11物質の指針値の超過状況を暗記するだけでなく、4-1**8**表1のように傾向が4グループに分かれることを押さえておきましょう。

① 1回も指針値を超過したことがない6物質：**塩ビモノマー**、**クロロホルム**、**水銀及びその化合物**、**1,3-ブタジエン**の4物質と、2020（令和2）年に追加された2物質**アセトアルデヒド**、**塩化メチル**

② 1回も（全地点で）指針値を守れたことがない1物質：**ひ素及びその化合物**

③ ほとんどの年は指針値を下回るが、まれに超過する1物質：**アクリロニトリル**

④ ほとんどの年は指針値を超過するが、まれに下回る3物質：**1,2-ジクロロエタン**、**ニッケル化合物**、**マンガン及びその化合物**

|POINT▶

2020（令和2）年度に指針値を超過したのは、毎年超過しているひ素のほかに、1,2-ジクロロエタンでした。出題対象年度の超過状況を確認する必要はありますが、

これまでの傾向だけからいえば、基本的に年度により超過する／しないが変わる、前記の③と④の4物質について確認しておけばよいことになります。

　したがって、(2)が2020（令和2）年度に指針値を超過した有害大気汚染物質です。

正解 ≫　（2）

第 5 章

大気汚染物質の発生機構

5-1 光化学オキシダント

光化学オキシダントは、大気中の窒素酸化物と、VOC等の炭化水素類が光化学反応を起こして生じる酸化性の強い物質で、主成分はオゾンです。発生機構について、出題頻度が高い項目です。

■1 光化学オキシダントの発生機構

光化学オキシダントの主成分はオゾン(O_3)で、9割程度を占めます。オゾンの人為発生源は知られていません。オゾンに次いで多いのは、PAN(パーオキシアセチルナイトレート、$CH_3-COO-O-NO_2$)です(図1)。

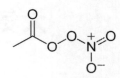

図1 PANの化学構造

発生原因は、固定発生源や自動車等からのNO_xと炭化水素を含むVOCが関与する光化学反応と推定されています。大気中の炭化水素とOH(ヒドロキシルラジカル)が重要な役割を果たしています。

●オゾンの蓄積反応

(通常の反応)

$$NO_2 + 光 \longrightarrow NO + O \quad \cdots\cdots ①$$
$$O_2 + O \longrightarrow O_3 \quad \cdots\cdots ②$$
$$NO + O_3 \longrightarrow NO_2 + O_2 \quad \cdots\cdots ③$$

(炭化水素が介在する反応)

$$RO_2 + NO \longrightarrow RO + NO_2 \quad \cdots\cdots ④$$
$$HO_2 + NO \longrightarrow OH + NO_2 \quad \cdots\cdots ④'$$

R:アルキル基(炭化水素基 $C_nH_{2n+1}-$)

　炭化水素類がない通常の反応では、オゾンの生成反応②とオゾンの分解反応③が平衡しているため、オゾン濃度が一定となって平衡状態を保っています。

　ここに、VOC等から由来する炭化水素が介在すると、④や④'の反応が起こり、オゾンと反応すべき NO が RO_2 や HO_2 によって消費されてしまい、③のオゾン分解反応が阻害され、その結果 O_3 が蓄積する、と説明されています。

練習問題

問5　光化学オキシダントに関する記述として，誤っているものはどれか。

(1)　光化学オキシダントの環境基準達成率は，全測定局の1％以下で推移している。

(2)　光化学オキシダントの主成分はオゾンである。

(3)　一酸化窒素の光分解によって，オゾンが生成する。

(4)　夏季の光化学オキシダント濃度は，冬季よりもかなり高くなる。

(5)　ヒドロキシルラジカルと二酸化窒素の反応によって，硝酸が生成する。

解　説

　光化学オキシダントに関して、環境基準達成率や、一部酸性雨まで含めた網羅的な出題ですが、ほとんどは光化学オキシダントの主成分であるオゾンの発生機構についての選択肢となっています。光化学オキシダントの環境基準達成率は極めて低く、一般局0.0 ～ 0.2％、自排局0％の値で推移しています。光化学オキシダントの主成分は90％以上がオゾンであり、日射と気温に依存し、夏季のオゾン濃度は冬季よりかなり高くなります。ヒドロキシルラジカル(OH)は強い酸化剤であり、NO_2と反応して硝酸が生成し、酸性雨の要因となります。

$$OH + NO_2 \longrightarrow HNO_3$$

　炭化水素等が分解して生じるパーオキシヒドロキシルラジカル(HO_2)が一酸化窒素NOと反応してヒドロキシルラジカル(OH)を生成します(5-1❶反応式④')が、これはNOの分解反応ではありません。仮にNOが分解するとすれば、窒素原子、酸素原子を遊離しそうですが、このような反応はない、ということです。

　したがって、(3)が誤りです。

正解 >> （3）

5-2 二次生成粒子状物質

　排出口等ですでに粒子状物質の形態で排出されるのではなく、大気中で化合・凝縮など化学反応によって粒子状物質になったものを二次生成粒子といいます。よく理解しておきましょう。

■ 二次生成粒子状物質の発生機構

　浮遊粒子状物質（SPM）、微小粒子状物質（$PM_{2.5}$）の発生源は、固定発生源、移動発生源、大気中での二次生成など多岐にわたっています。

　二次生成粒子状物質の例としては、酸性雨の原因となる硫酸（H_2SO_4）や硝酸（HNO_3）がアンモニアと反応してアンモニウム塩の微粒子となる場合や、エタンがOHにより酸化される過程でアセトアルデヒド、ホルムアルデヒドが生成する場合、トルエンが同様に酸化されてシュウ酸やジカルボン酸類を生じる場合が挙げられる。

　大気中での生成機構の解明、前駆物質（二次生成粒子の原因となる物質）であるSO_2、NO_x、VOCなどについての調査・研究が求められています。

5-3 酸性雨

酸性雨はpH5.6以下の雨のことです。これに関する出題は、SO_2とNO_2の酸化速度の違いに基づく、発生源と酸性雨影響を及ぼす場所の遠近に関すること、及び湿生沈着、乾性沈着に関するものがほとんどです。

1 酸性雨の発生機構

pH = 5.6以下の雨を酸性雨といいます。

酸性雨の主要な原因物質は硫酸と硝酸です（SO_2、NO_xを前駆物質とする二次汚染物質）。

NO_2の酸化速度はSO_2より1桁大きいため、酸性雨の影響が、以下のように異なります。

①**SO_2は発生源から離れた地域で硫酸を生成**し、酸性雨をもたらします。

②**NO_2は発生源近くで硝酸化**し、酸性雨をもたらします。

硫酸や硝酸の沈着機構には次の2つがあります。酸性雨・酸性物質の降下は気象条件などに依存します。

①**湿性沈着**：硫酸、硝酸が雲、雨に吸収されて地上に降下すること

②**乾性沈着**：エーロゾル（硫酸塩、硝酸塩）などに付着した形で降下すること

練習問題

問7　酸性雨に関する記述として，誤っているものはどれか。

(1)　酸性雨の主要な原因物質は，硫酸と硝酸である。

(2)　硫酸，硝酸は，それぞれ SO_2，NO_x を先駆物質とする二次汚染物質である。

(3)　気相における NO_2 の硝酸への酸化速度は，SO_2 の硫酸への酸化速度よりも1桁近く大きいと推定されている。

(4)　硫酸，硝酸の生成メカニズムとして，気相での OH との反応，雲や霧の中での反応，粒子状物質上での反応などが挙げられる。

(5)　生成した硫酸，硝酸が大気中のアンモニアと反応して生成するエーロゾルや他の粒子状物質に付着した形で地上に降下する現象を湿性沈着という。

| 解　説 |

　酸性雨は、近年は報道等で触れられることは少なくなりましたが、本国家試験では時々出題されています。

　硫黄酸化物は多くが SO_2 の形で排出されます。一方、窒素酸化物は排出口では NO の形態がほとんどですが、大気中で酸化されて NO_2 となります。これらはさらに、強力なヒドロキシルラジカル(OH)があると酸化され、それぞれ硫酸、硝酸を生成し、これらが酸性雨の要因となります。

$$SO_2 + OH \longrightarrow HSO_3 + H_2O \longrightarrow H_2SO_4$$
$$NO_2 + OH \longrightarrow HNO_3$$

SO_2 については、このような気相での OH ラジカルとの反応の他に、雲や霧の水滴中に SO_2 が取り込まれ、過酸化水素や金属イオンが触媒となって溶存酸素と反応する場合や、大気中の粒子状物質に SO_2 が吸着され、粒子表面で硫酸となる反応が知られています。

　<u>SO_2 の硫酸への酸化速度</u>は、夏季で1時間当たり3%、冬季で1時間当たり1%以下であり、<u>NO_2 の硝酸への酸化速度はこれより1桁多い</u>とされています。このため、<u>SO_2 については発生源から離れた場所で硫酸が生成し、NO_2 については発生源に近い場所で硝酸が生成</u>します。この酸化速度の大小と、酸性雨を生じる場所の遠近に関してはよく出題されています。

　硫酸、硝酸の地上への沈着現象は、次の<u>湿生沈着</u>と<u>乾性沈着</u>の2つのメカニズムが主なものです。この沈着に関する語句は、時々出題されます。

・湿生沈着：硫酸、硝酸が雲、雨に吸収され、酸性雨として地上に降下すること
・乾性沈着：硫酸、硝酸が大気中のアンモニアと反応して生成する硫酸塩、硝酸塩のエーロゾルや、他の粒子状物質に付着した形で降下すること

▎POINT ▶

　ここでは、酸化速度に関する選択肢(3)は正しい記述です。すなわち、NO_2 が硝酸に酸化される速度は、SO_2 が硫酸に酸化される速度より1桁程度大きい。

　選択肢(5)の記述は、硫酸や硝酸が、粒子状物質の形で、あるいは、他の粒子状物質の表面に付着して降下することであり、これは湿性沈着ではなく、乾性沈着です。乾性沈着と湿生沈着は、容易にイメージできると思います。

正解 >> （5）

5-4 成層圏オゾン層の破壊

　　ここでは、出題頻度の高い、フロン類の3分類、塩素原子と一酸化塩素ラジカル(ClO)による連鎖的な破壊反応と、フロン類の生産量、大気濃度の推移について押さえておきましょう。

① 概要

　フロン類による成層圏オゾン層の破壊については、1974年に米国のローランド博士が警告しており、1985年に南極上空にオゾンホールが発見され、地球環境問題が認識されるきっかけとなりました。

　高度10kmから50kmの成層圏では、下記の通常の反応のように、O_3の生成反応②と分解反応③のバランスによりオゾン層が形成されています。

　フロンは対流圏では非常に安定で分解しませんが、成層圏では強い紫外線により**塩素原子**(Cl)を放出し、塩素原子はオゾン(O_3)を分解して**一酸化塩素ラジカル**(ClO)となり、さらにClOはO(酸素原子)と反応してClが再生(連鎖反応)します。これによりO_3を連鎖的に破壊してしまいます。

② フロンによる成層圏オゾンの分解反応

【通常の反応】

$$O_2 + 光 \longrightarrow 2O \quad \cdots\cdots ①$$
$$O_2 + O \longrightarrow O_3 \quad \cdots\cdots ②$$
$$O_3 + 紫外線 \longrightarrow O_2 + O \quad \cdots\cdots ③$$

【フロンが関与する反応】

$$CFCl_3(CFC\text{-}11) + 光 \longrightarrow Cl + CFCl_2 \quad \cdots\cdots ④$$
$$Cl + O_3 \longrightarrow ClO + O_2 \quad \cdots\cdots ⑤$$

（フロン類の化学構造の例）

Cl
|
Cl ─ C ─ F
|
Cl

H
|
F ─ C ─ F
|
Cl

H
|
F ─ C ─ F
|
F

| 一般名称 | CFC–11 | HCFC–22 | HFC–23 |
| 化学式 | CCl_3F | $CHClF_2$ | CHF_3 |

図1　CFC、HCFC、HFCの例と化学構造

$$ClO + O \longrightarrow Cl + O_2 \quad \cdots\cdots ⑥$$

　フロン類は、大別して、年代順に、CFC、HCFC、HFCの3つに分類されます。最も構造が簡単な物質の化学構造式を図1に例示します。

※：南極の春
南極の春は、北半球では秋である。
国際的な規制の結果、大気濃度については、CFCの長期的な増加傾向はとまり、一部は大気濃度が漸減している。CFCより大気中寿命が短いトリクロロエタン（CH_3CCl_3）の濃度は1990年代に急激に減少している。

3 CFC（フロン）Chloro Fluoro Carbon

　20世紀半ばからクーラーや冷蔵庫の冷媒として使用されていたのが、CFC（いわゆるフロン）です。オゾンホールは1985年の発見以降、南極の春※に観測され、年々拡大していました。そこで、1988年にモントリオール議定書締約国会合で、フロン類削減計画が策定され、1996年以降、先進国でCFCの生産量低減が進展し、代替物質への転換等が進みました。

4 HCFC（代替フロン（第1世代））
Hydro Chloro Fluoro Carbon

　CFCに代わり、最初に代替フロンとして登場したのがハイドロクロロフルオロカーボン類（HCFC）です。HCFCは、CFCの塩素の一部を水素（H）で置換した化学構造を持ち、<u>大気中寿命がCFCより1桁程度短いので、オゾン層破壊能はCFCよりは小さい</u>ですが、依然塩素を含むので、オゾン層破壊能はあります。このため、1996年から消費規制が開始されました。2020年には先進国で消費全廃見通しとなっています。

HCFCの大気中濃度は、2020年ごろまでは増加傾向ですが、年々の増加幅が緩やかになってきています。

5 HFC（代替フロン） Hydro Fluoro Carbon

ハイドロフルオロカーボン類(HFC)は、化学構造中に塩素を持たず、炭素骨格にふっ素と水素が付加した構造となっています。**塩素がないため、オゾン層破壊能はありませんが、温室効果が大きい物質**であるため、温暖化防止の観点で今後の代替が急がれる状況です。2016年10月にHFCは温室効果ガス(GHG)に追加されました(ギガリ改正)。先進国ではHFCの生産量と消費量を基準年(2011 〜 2013年)に対して2019年に▲10%、2029年に▲70%、2036年に▲85%という削減目標となっています。

6 フロン類の生産量の推移（図2）

CFCは、1988年ごろを境に減少に転じ、1990年代後半までには大幅に生産量は減少しました。

HCFCの生産量は、CFCに代わって1990年代に増加しましたが、2000年代から減少に転じています。

HFCはHCFCよりさらに遅れて増加傾向が認められます。

図2の中では、HCFC-22だけは多少異なる傾向が認められますが、増加から減少に転じたピークの時期は、基本的にCFC→HCFC→HFCの順になっています。

7 ハロカーボン類の大気中濃度の推移（図3）

全体的な傾向として、生産量の減少に対して、大気中濃度はなかなか下がってくれない、ということがいえます。例外的に大気中濃度が1990年代に急激に下がった物質として、1,1,1-トリクロロエタン(CH_3CCl_3)があります。

CFCは1990年代に生産量が急減したにもかかわらず、大気中濃度はCFC-11は1992年ごろから、CFC-12は2002年ごろか

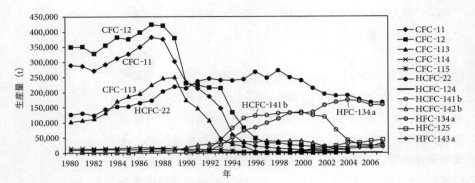

（注）　集計は AFEAS に登録のあったデータのみ。
［The Alternative Fluorocarbons Environmental Acceptability Study（AFEAS）］

図2　フロン類の生産量の推移

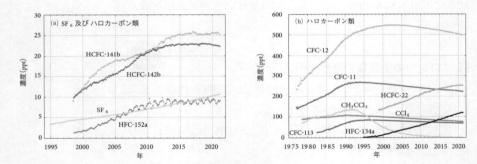

解析に使用した地点数は、SF$_6$（88）、CFC-11（23）、CFC-12（25）、CFC-113（22）、CCl$_4$（22）、CH$_3$CCl$_3$（25）、HCFC-141b（11）、HCFC-142b（15）、HCFC-22（14）、HFC-134a（12）、HFC-152a（11）。

［出典：WMO 温室効果ガス年報（気象庁訳）第 18 号 2022 年 10 月 26 日］

図3　ハロカーボン類の大気中濃度の推移

　らやっと微減に転じています。

　　HCFCは2020年ごろまで大気中濃度は増加しており、現在は未だ濃度の減少傾向はみられません。ただし、年ごとの濃度の増加幅は少しずつ減っています。

練習問題

問6　成層圏オゾン層の破壊物質として，誤っているものはどれか。

(1)　CFC　　　　　　(2)　HFC　　　　　　(3)　HCFC

(4)　ハロン　　　　　(5)　臭化メチル

解説

　フロンとしては、主に塩素化合物について説明していますが、同様に臭素化合物も似たような化学的性質を持つことは理解しておきましょう。なお、ふっ素(F)もハロゲンですが、ふっ化水素(HF)は非常に安定な物質であり、ふっ素原子を遊離しないので、ふっ素分はオゾン層破壊には寄与しません。

　ハロンは、メタン分子の4つの水素の全部又は一部がハロゲン物質で置換された物質のうち、臭素を含むものをいいます。消火剤等に使われています。臭化メチルはハロンの1種であり、メタンの水素の1つが、臭素(Br)で置換されたもの(CH_3Br)をいいます。

　フロン類は、20世紀半ばから盛んに使われたCFC(クロロフルオロカーボン)、CFCよりは塩素数が少ないが、なお塩素を含みオゾン層破壊能を持つHCFC(ハイドロクロロフルオロカーボン)、分子中に塩素を含まずオゾン層破壊能がないHFC(ハイドロフルオロカーボン)の3つに分類されます。HFCはオゾン層破壊能はないものの、温室効果が大きく、地球温暖化の観点から代替が望まれています。

　したがって、(2)が誤りです。

POINT

　化学物質名の中に、クロロ(塩素)を示すCが含まれている(<u>C</u>FC、H<u>C</u>FC)ことを理解しておきましょう。最後のC(CF<u>C</u>、HCF<u>C</u>、HF<u>C</u>)はカーボン(炭素)です。

正解 >> （2）

練習問題

問 8 1990 年代以降，全球平均の大気中濃度が急激に減少したガスはどれか。

(1) 四塩化炭素

(2) 1,1,1-トリクロロエタン

(3) HFC-134 a

(4) 六ふっ化硫黄

(5) HCFC-22

| 解 説 ▶

南極上空にオゾンホールが発見され、フロン問題は地球環境問題が認識される契機となりました。モントリオール議定書によって、CFC の削減が図られ、CFC の生産量は1990年代に急激に減少しました。しかし、大気中濃度が直ちに大きく下がったのは1,1,1-トリクロロエタン（CH_3CCl_3）だけであり、CFC は1990 〜 2000年代から極めて緩やかに大気中濃度が漸減し始めました。CFC-12 については、濃度が下がり始めたのは2000年代に入ってからです。CFC に続いて排出削減が図られた HCFC は、最近ようやく、大気中濃度の増加傾向が緩やかになってきた（明確な濃度減少傾向までは至っていない）、という状況です。

したがって、(2)が正解です。

正解 ≫ （2）

練習問題

問8 成層圏オゾン層の破壊に関与する化合物として，誤っているものはどれか。

(1) フロン-12(ジクロロジフルオロメタン)

(2) ハロン(ブロモトリフルオロメタンなど)

(3) 1,1,1-トリクロロエタン

(4) 四ふっ化炭素

(5) 四塩化炭素

解 説

　成層圏オゾン層の破壊に関与する物質は、物質中に塩素か臭素を含んでいます。このことを理解していれば、解ける問題です。物質名に「クロロ」、「塩化」とあれば「塩素」を、「ブロモ」、「臭化」とあれば臭素を含みます。

POINT

　四ふっ化炭素は、メタンの4つの水素がいずれもふっ素で置換された組成(CF_4)ですので、分子中に塩素も臭素も含みません。

　したがって、(4)が誤りです。

正解 >> （4）

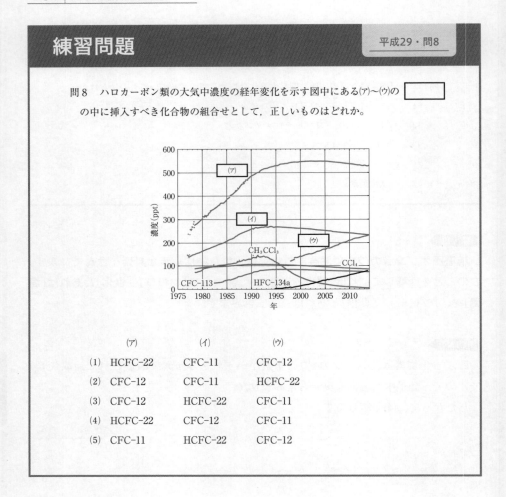

平成29・問8

練習問題

問8　ハロカーボン類の大気中濃度の経年変化を示す図中にある(ア)～(ウ)の□の中に挿入すべき化合物の組合せとして，正しいものはどれか。

	(ア)	(イ)	(ウ)
(1)	HCFC-22	CFC-11	CFC-12
(2)	CFC-12	CFC-11	HCFC-22
(3)	CFC-12	HCFC-22	CFC-11
(4)	HCFC-22	CFC-12	CFC-11
(5)	CFC-11	HCFC-22	CFC-12

解　説

　CFCは、モントリオール議定書に基づく削減が図られましたが、大気中濃度は1990年代以降、きわめて緩やかに下がり始めました。CFC-12については2000年度頃まで大気中濃度は増加し、そこから緩やかな濃度減少に転じています。

　HCFCは、2010年代前半は濃度は上昇傾向であり、最近ようやく、濃度の増加傾向が緩やかになってきた程度です。

POINT

　1990年代、または2000年代から濃度が漸減傾向にあるのは、CFCです。HCFCは2010年代はいまだ濃度は上昇傾向です。逆にCFCでは、2000年代以降に、大気中濃度が急激に上昇している物質はありません。この問題では、(ア)と(イ)がCFCであること、(ウ)がCFCではないことがわかれば解くことができます。

　よって、(ア)はCFC-12、(イ)はCFC-11、(ウ)はHCFC-22となります。

　したがって、(2)が正解です。

正解 >> （2）

第1章

第2章

第3章

第4章

第5章

第6章

第7章

第8章

5-5 地球温暖化

地球温暖化について解説します。主要な温室効果ガス(GHG)、放射強制力、IPCC第5次報告書の主な記述内容について理解しておきましょう。

1 概要

地球温暖化については、2015年のパリ協定、2020年10月の菅首相(当時)によるカーボンニュートラル2050宣言、IPCCの第6次報告書が2021(令和3)年より順次発行されるなど、ニュースが増え、注目されつつあります。従来は主要な温室効果ガスの物性に関する出題(表1)がほとんどでしたが、今後、様々な内容で出題されると予想されます。

地球の大気中に存在する水蒸気、二酸化炭素、一酸化二窒素、オゾンなどは赤外線を吸収する性質があり、これらのガス(温室効果ガス)の増加により地表温度も上昇します。

IPCCの第5次報告書(2013 〜 2014年発行)では、下記のように、年間約40億トンのCO_2が大気に蓄積していると推定されています(①+②-③-④)。

①化石燃料等の消費による放出：約78億トン/年
②土地利用の改変による放出：約11億トン/年
③陸域での吸収：約26億トン/年
④海洋での吸収：約23億トン/年

2 主要な温室効果ガス (GHG)

表1より、およその濃度、大気中寿命、温暖化係数の大小が出題されることがあります。

IPCCの報告書が新しいものになると、表1の数値が変わることがありますので注意しましょう。

表1　主要温室効果ガスの大気中濃度、大気中寿命、温暖化係数（IPCC第5次報告書）

	CO_2	メタン	N_2O	CFC–11	HFC-134a	四ふっ化炭素
産業革命（1750年）以前の濃度	278 ppm	722 ppb	270 ppb	0	0	40 ppt
2011年の濃度	391 ppm	1803 ppb	324 ppb	238 ppt	63 ppt	74 ppt
大気中寿命（年）	—	9.1	131	45	13.4	50000
温暖化係数（100年）	1	28	265	4660	1300	6630

3 放射強制力

よく出る！

　何らかの要因（例えば二酸化炭素濃度の変化、エアロゾル濃度の変化、雲分布の変化等）により地球気候系に変化が起こったときに、その要因が引き起こす放射エネルギーの収支（放射収支）の変化量（Wm^{-2}）を放射強制力といいます。放射強制力が正なら温暖化、負なら寒冷化が起こります。

　2020年におけるすべての長寿命温室効果ガスの放射強制力の合計値は3.18Wm^{-2}で、その内訳はCO_2（約66%）、CH_4（メタン）（約16%）、CFC等ハロゲン化物の合計（約11%）、N_2O（約7%）となっています。過去10年間の放射強制力の増加のうち、約82%がCO_2によるものとされています。

✅ ポイント

表1の物質は濃度オーダーと発生源により、おおよそ以下の3種類に分類できます。

①CO_2：産業革命前の280ppmから現在は400ppm弱まで上昇しています。化石燃料の燃焼や土地利用の改変など、人為発生が主要因とされ、濃度はppmオーダーです。

②メタン・N_2O：生態系からの発生があるもの。メタンは燃料、発酵、有機物埋立て等から、N_2Oは有機汚泥燃焼からの発生源があります。濃度はppbオーダーです（メタンは1.8ppmとも書けます）。

③ハロカーボン類：フロン類が代表的なものです。放出用途はなく濃度は極めて低いですが、温暖化係数が非常に大きいため影響があります。濃度はpptオーダーです。

4 IPCC 第 5 次報告書の主な記述内容

IPCCの第5次報告書で述べられている主要な事項は以下のとおりです。

①気温、海水温、海水面水位、雪氷減少などの観測事実が強化され温暖化していることが再確認された。

②人間活動の影響が20世紀半ば以降に観測された温暖化の支配的な要因であった可能性が極めて高い（95%以上）。

③今世紀末までの世界平均気温の変化は、RCP（Representative Concentration Pathways：代表的濃度経路）シナリオによれば0.3 ～ 4.8℃の範囲に、海面水位の上昇は0.26 ～ 0.82mの範囲に入る可能性が高い。

④気候変動の抑制には、温室効果ガス排出量の抜本的かつ持続的な削減が必要。

⑤CO_2の累積総排出量とそれに対する世界平均地上気温の応答はほぼ比例関係にあり、最終的に気温が何度上昇するかは累積総排出量の幅に関係する。

練習問題

問6　大気中濃度が最も高い温室効果ガスはどれか。

(1)　フロン-12　　　(2)　四ふっ化炭素　　　(3)　メタン

(4)　一酸化二窒素　　(5)　フロン-11

|解　説|

主要な温室効果ガスの濃度や物性については5-5表1にまとめられており、その濃度のオーダーは、大きく3つに分かれます。

①濃度がppmオーダーの物質　CO_2

②濃度がppbオーダーの物質　メタン、N_2O（ただし、メタンは約1800ppb = 1.8ppm）

③濃度がpptオーダーの物質　ハロカーボン類（フロン等）

この出題では、CO_2は除かれていますので、もっとも濃度が高いのは、生態系由来の発生があるメタンか一酸化二窒素（N_2O）のどちらかが答えとなります。この2つの比較では、産業革命前からメタンの方が濃度が高く、かつ、その後の増加分もメタンの方が大きいので、(3)のメタンが正解です。

メタンは1800ppb程度、N_2Oは320ppb程度で、メタンの方が5倍強、濃度は高くなっています。

正解 >> （3）

練習問題　H26・問6を改変

問 7　IPCC の第五次報告書によると、次の温室効果ガスのうち、大気中寿命の最も長いものはどれか。

(1)　一酸化二窒素

(2)　メタン

(3)　トリクロロフルオロメタン（CFC-11）

(4)　1,1,1,2-テトラフルオロエタン（HFC-134a）

(5)　四ふっ化炭素

解　説

主要な温暖化物質の大気中寿命に関する問題です。

二酸化炭素の大気中寿命については、IPCC の第四次報告書までは 5 〜 200 年と記されていましたが、二酸化炭素は、時間スケールの異なる様々な過程で海洋や陸域に取り込まれるため、大気中の寿命を 1 つの値で表すことができないので、5-5 表 1 では記載していません。

題記の物質では、メタン：9.1 年 < HFC-134a：13.4 年 < CFC-11：45 年 < N_2O：131 年 < 四ふっ化炭素：50000 年となっており、四ふっ化炭素の大気中寿命が圧倒的に長くなっています。H–F 結合が極めて安定しているためと考えられます。

したがって、(5)が正解です。

POINT

5-5 表 1 の大気中濃度、大気中寿命、温暖化係数の値は押さえておきましょう。

正解 ≫　(5)

練習問題 R2・問8を改変

問8　地球温暖化の原因となる温室効果ガスに関する記述として、誤っているもの
はどれか。ただし、IPCC第五次評価報告書による。

(1)　CO^2　2011年の大気中濃度　　　：391ppm、温暖化係数　：1
(2)　メタン　2011年の大気中濃度　　　：18ppm、温暖化係数　：45
(3)　N_2O　2011年の大気中濃度　　　：324ppb、温暖化係数　：265
(4)　CFC-11　2011年の大気中濃度　　　：238ppt、温暖化係数　：4660
(5)　四ふっ化炭素　2011年の大気中濃度　：74ppt、温暖化係数　：6630

| 解　説 |

　大気中の濃度のオーダー、及び温暖化係数に関する出題です。やはり5-5表1を
よく押さえておく必要があります。2011年におけるメタンの濃度は1803ppb（＝
1.8ppm）、温暖化係数は28です。温暖化係数は、二酸化炭素を1としたときの、そ
の物質の温室効果の相対的な強さを示す指標です。

　したがって、(2)が誤りです。

正解 ≫　(2)

練習問題

問8　2018年における温室効果による地球温暖化への影響を示す放射強制力の大きさの順に温室効果ガスを並べたとき，正しいものはどれか。

(1) CO_2＞CH_4＞CFCなどハロゲン化物＞N_2O

(2) CO_2＞N_2O＞CH_4＞CFCなどハロゲン化物

(3) CH_4＞CO_2＞CFCなどハロゲン化物＞N_2O

(4) CO_2＞CH_4＞N_2O＞CFCなどハロゲン化物

(5) CO_2＞CFCなどハロゲン化物＞CH_4＞N_2O

| 解　説 |

　地球温暖化については、従来、5-5表1から、主要な温暖化物質の濃度や物性等が出題されることがほとんどでしたが、本題は放射強制力について、2021（令和3）年度に初めて出題された内容です。

　前問の温暖化係数が、二酸化炭素を1として、各温暖化物質の温室効果の相対的な強さを表すのに対して、放射強制力は、各物質の排出量、濃度の増減を加味して、実際に温暖化に対して、どのような影響を及ぼしたか、を示す指標です。放射強制力が正ならば、温暖化し、放射強制力が負ならば、寒冷化することを示します。

　2020年におけるすべての長寿命温室効果ガスの放射強制力の合計値は3.18Wm^{-2}で、そのうち、CO_2（約66％）、CH_4（メタン）（約16％）、CFC等ハロゲン化物の合計（約11％）、N_2O（約7％）となっています。また、過去10年間の放射強制力の増加のうち、約82％がCO_2による、とされています。この寄与の順位は、概ね5-5表1の左から、CO_2＞CH_4の順ですが、CFC等ハロゲン化物はいくつかの物質の寄与を足し算すると、N_2Oの寄与よりは上回る、というように覚えておきましょう。

正解 >> （1）

練習問題

問7　広域・地球規模の環境問題における大気汚染物質に関する記述として，誤っているものはどれか。

(1)　光化学オキシダントの主成分であるオゾンは，窒素酸化物と，炭化水素を含む揮発性有機化合物が関与する大気中での化学反応により生成する。

(2)　浮遊粒子状物質及び微小粒子状物質には，硫酸イオン，硝酸イオン，有機炭素化合物，アンモニウムイオン等を化学成分として含むものがある。

(3)　大気中で二酸化硫黄から硫酸が生成するメカニズムとして，気相でのOHとの反応，雲や霧の中での反応，粒子状物質上での反応などがある。

(4)　ハイドロクロロフルオロカーボンであるHCFC-22の大気中寿命は，クロロフルオロカーボンであるCFC-11の大気中寿命より長い。

(5)　2019年における地上でのメタンの世界平均大気中濃度は，一酸化二窒素より高い。

| 解　説 |

　第5章の対象となっている光化学オキシダント、二次生成粒子状物質、酸性雨、成層圏オゾン層の破壊、地球温暖化の5つの生成機構等について横断的に取り上げた問題です。

　選択肢(1)、(2)、(3)はそれぞれ記述のとおりです。必ずしも万能な方法ではありませんが、選択肢(4)の「長い」（⇔短い）、選択肢(5)の「高い」（⇔低い）など、反対語を使うことで誤りの選択肢をつくれるケースは正答の候補として疑ってみましょう。

　選択肢(4)は、フロン類による成層圏オゾン層の破壊についての記述です。最初に使われていたフロンはCFC、次に塩素数を減らしたHCFCが登場し、さらに、塩素をなくし、ハロゲン元素の部分をすべてふっ素としたHFCが登場、という順番になります。

　大気中寿命ついてはCFCよりHCFCの方が1桁程度短いとされ、オゾン層破壊係数も1桁から2桁小さいと評価されています。なお、CFCは寿命が長い（45 〜 1700年）、HCFCは比較的寿命が短い（1.3 〜 18年）といえますが、HFCは寿命が長いも

のから短いものまで様々です（1.4～270年）。このため、CFCとHFC、HCFCとHFCの寿命の大小関係は、個々の物質同士でないと比べられません。

選択肢(5)は、温室効果ガスのうち、生態系由来の発生源があるメタンとN_2Oでどちらが濃度が高いか、ということですが、いずれもppbオーダーですが、メタンはおよそ1800ppb、N_2Oはおよそ320ppb程度で、メタンの方が5倍以上高い濃度となっています。

正解 >> （4）

【参考】

5-5表1にある四ふっ化炭素は、PFC（パーフルオロカーボン、HFCは炭素に水素とふっ素が付いていますが、PFCは水素がなくすべてふっ素が付いています。「パー」は「全て」の意味）の1種です。PFCはCFCと比べても、非常に大気中寿命が長い特徴があります。

第6章

大気汚染物質の発生源

6-1　大気汚染物質の主要な発生源

6-2から6-10まで、大気汚染物質に対して、その物質がどのような発生源から発生するかを物質別に整理します。ある物質の主要な上位の発生源を押さえておきましょう。

1 概要

大気中に排出され、ガス状、ミスト状、粒子状で存在する大気汚染物質の発生源は自然発生源と人為発生源に大別されます。

●ばい煙発生施設数

大気汚染防止法施行状況調査により、ばい煙発生施設の数が公表されています。

ばい煙発生施設で多いのは、**ボイラーが1位**※**で約60％**を占めます。**2位：ディーゼル機関（約19％）**、**3位：ガスタービン（約5％）**と合わせ、この3種類の施設で全体の約85％を占めています。

※
ボイラーは、以下の4項目で1位であり、ばい煙の主要発生源となっています。
①ばい煙発生施設数
②SO$_x$排出量（施設別）
③NO$_x$排出量（施設別）
④ばいじん排出量（施設別）

表1　大気汚染物質の自然発生源と人為発生源

自然発生源の例	人為発生源の例
SO_2：火山	ボイラー、加熱炉、自動車など
NO_x：雷、土壌	金属の精錬など
CH_4：水田、湿地	粉粒体の処理など→粉じん
N_2O：湿潤な森林、海洋	液体燃料の精製、溶剤、塗装など→ VOC 有害ガスの漏洩、農薬の散布

表2　ばい煙発生施設数及び割合（令和2年度実績）

施設名	施設数	割合（%）
ボイラー	131,225	60.5
ディーゼル機関	41,538	19.2
ガスタービン	10,857	5.0
金属鍛造・圧延加熱・熱処理炉	7,376	3.4
乾燥炉	6,535	3.0
廃棄物焼却炉	4,484	2.1
金属溶解炉	3,728	1.7
窯業焼成炉・溶融炉	3,303	1.5
その他	7,707	3.6
合計	216,753	100

［環境省：令和3年度大気汚染防止法施行状況調査（令和2年度実績）］

6-2　硫黄酸化物

　硫黄酸化物は、化石燃料の燃焼により燃料中の硫黄分が酸化され排出される場合がほとんどで、主な発生源は、施設別：上位①ボイラー②金属精錬用焙焼炉等③ディーゼル機関、業種別：上位①電気業②鉄鋼業③化学工業です。

1 硫黄酸化物の発生形態

　硫黄酸化物の化学形態はSO、S_2O_3、SO_2、SO_3、S_2O_7、SO_4などが知られていますが、このうち硫黄含有の化石燃料の燃焼により生成するのはSO_2とSO_3で、そのうち大部分はSO_2です。SO_2、SO_3、硫酸ミストの3つを総称してSO_xといいます。

　<u>SO_3は、重油燃焼ガスではSO_xの2〜5%程度、微粉炭燃焼ガスでは2%程度以下</u>を占めています。大気中に放出されたSO_3は水分と反応し、硫酸ミストを生成します。

　SO_xは呼吸器への悪影響があり、四日市ぜん息の原因となったことで知られ、また、後述するNO_xとともに酸性雨の主要な原因物質です。

　環境基準や排出基準は、SO_2に対して定められています。規制は、**K値規制**によって煙突高さに応じた排出許容量を定めて規制し、さらに、国が指定する24地域において、都道府県知事が作成する総量削減計画に基づき、工場単位の**総量規制**を実施しています。

　SO_xの排出対策として、低硫黄燃料への転換、重油の脱硫、排煙脱硫装置の設置などが行われ、かつての公害時代に比べれば、SO_x排出量は大幅に低減しています。

2 硫黄酸化物の発生量と主要発生源

　SO_x総排出量は1億0364.4万 $m^3{}_N$/年（29.6万 t）（2017（平成29）年度実績[※]）で、<u>業種別で多いのは①電気業（41%）、②鉄鋼業</u>

※
SO$_x$、NO$_x$、ばいじんの排出量の実績値は、3年に一度行われる環境省大気汚染物質排出量総合調査に拠っている。

（17%）、③化学工業（7%）の順、施設種別で多いのは①ボイラー
（61%）、②金属精錬、無機化学工業品製造用焙焼炉等（14%）、
③ディーゼル機関（6%）の順となっています。

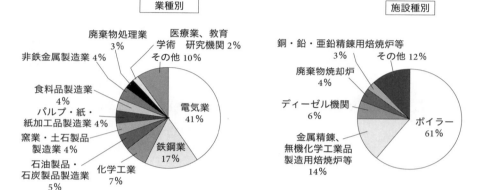

（注）円グラフの排出量内訳（%）は表示単位未満を四捨五入しているため、内訳と一致しない。

［環境省：平成30年度大気汚染物質排出量総合調査（平成29年度実績）］

図1　SO$_x$の排出内訳（業種別、施設別）（平成29年度実績）

6-3　窒素酸化物

窒素酸化物は、燃料中の窒素分が酸化してNO_xとなる場合（フューエルNO_x）と、空気中の窒素分が酸化してNO_xとなる場合（サーマルNO_x）があります。ここに注意して内容を確認していきましょう。

1 概要

窒素酸化物は、SO_xと異なり、燃料中の窒素分が酸化してNO_xとなる場合（フューエルNO_x）と、空気中の窒素分が酸化してNO_xとなる場合（サーマルNO_x）があります。燃料を燃やすとき、空気を吹き込みますが、高温で燃焼するほど、NO_xは生成しやすくなります[※1]。

※1
家庭ごみなどの低温燃焼ではフューエルNO_xが相対的に多く、燃焼温度が高くなるとサーマルNO_xが増加する傾向がある。

2 窒素酸化物の発生形態

窒素酸化物の化学形態としては、NO、N_2O、NO_2、N_2O_3、N_2O_5などが知られており、このうち燃焼に伴い発生するのは一酸化窒素（NO）と二酸化窒素（NO_2）です。<u>燃焼ガス排出時点でのNO/NO_x体積比は90〜95％程度とNOが大部分を占めますが、NOは大気中でただちにNO_2に酸化されます。</u>NOとNO_2をあわせてNO_xといいます。

NO_xは健康影響に加え、光化学オキシダント、酸性雨の主要な原因物質となっており、大気汚染防止法の有害物質の一つに指定されています。NO_xの毒性の主原因物質はNO_2であるため、環境基準もNO_2に対して設定されています。

発生源となる施設は、ボイラー、加熱炉などの工業用燃焼設備や電気炉、厨房のガス湯沸かし器までと広範囲で、さらに、発生量の相当部分を自動車等の移動発生源が占めています。

NO_xには、燃料中の窒素分が燃焼により酸化して生じるフューエルNO_xと、空気中の窒素分が燃焼により酸化して生

じるサーマルNO_xがあります。窒素(N_2)は、常温では不活性ガスに使われることからもわかるように安定ですが、高温下では微量が酸化してNO_xを生じます。

大気汚染防止法では、ばい煙発生施設の種類及び規模ごとに**排出規制**がかけられ、さらに工場・事業場が集合し、環境基準の確保困難な地域では**総量規制**があります。NO_xの発生機構に対応して、NO_xの排出抑制対策は、低NO_x燃焼技術と、排煙脱硝技術による対策が主なものです。

❸ 窒素酸化物の発生量と主要発生源

NO_x総排出量は2億7359.8万m^3_N/年(56.2万t)(2017(平成29)年度実績)[※2]で、業種別で多いのは上位から①電気業(32%)、②窯業・土石製品製造業(15%)、③鉄鋼業(12%)の順、施設種別で多いのは上位から①ボイラー(44%)、②窯業製品製造用焼成炉等(16%)、③ディーゼル機関(9%)の順となっています。

※2
SO_xとNO_xでは、NO_xの年間排出量の方が大きくなっています(体積ベース:約2.7倍、質量ベース:約1.9倍)。

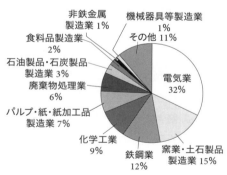

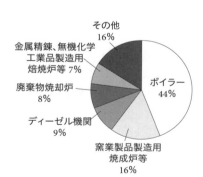

(注)円グラフの排出量内訳(%)は表示単位未満を四捨五入しているため、内訳と一致しない。

[環境省:平成30年度大気汚染物質排出量総合調査(平成29年度実績)]

図1 NO_xの排出内訳(業種別、施設別)(平成29年度実績)

6-4 粒子状物質

粒子状物質について解説します。粒子状物質の種類と発生源や、一般粉じん発生施設数について理解しておきましょう。

1 概要

ここでの粒子状物質は、規制対象である燃焼由来のばいじん、非燃焼過程から排出する一般粉じんの他に、液体の粒子であるミスト、二次生成粒子も含みます。特定粉じんは6-5にて示します。

2 粒子状物質の種類と発生源

粒子状物質は、固体及び液体の粒子の総称（ばいじん、粉じん、ミスト、硫酸ミストなど）です。また、気体中に懸濁する系をエーロゾルといいます。

固定発生源から発生する粒子状物質には、燃焼又は熱源としての電気の使用に伴い発生するばいじんと、物の粉砕・選別・その他の機械的処理又は堆積に伴い発生・飛散する粉じんがあります。

浮遊粒子状物質（SPM）は、粒子径が$10\mu m$以下の大きさであり、1972（昭和47）年に環境基準が定められました。**微小粒子状物質**（$PM_{2.5}$）は、「大気中に浮遊する粒子状物質であって、粒子径が$2.5\mu m$の粒子を50％の割合で分離できる分粒装置を用いて、より粒子径の大きい粒子を除去した後に採取される粒子」が定義であり、2009（平成21）年に環境基準が定められました。

ばいじんは、施設の種類と規模、使用燃料、ガスの発生量によって排出基準が定められています。一般粉じんは排出基準はなく、構造並びに使用及び管理に関する基準（施設基準）が定め

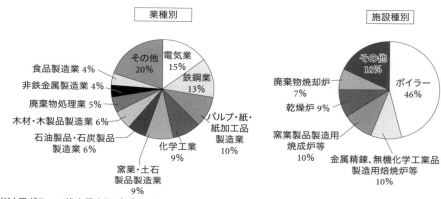

(注)円グラフの排出量内訳（％）は表示単位未満を四捨五入しているため、内訳と一致しない。

［環境省：平成30年度大気汚染物質排出量総合調査（平成29年度実績）］

図1　ばいじんの排出内訳（業種別、施設別）（平成29年度実績）

られています。

　ばいじんの排出量については、施設別で多いのは、①ボイラー（46％）、②金属精錬、無機化学工業品製造用焙焼炉等（10％）、③窯業製品製造用焼成炉等（10％）の順で、業種別には①電気業（15％）、②鉄鋼業（13％）、③パルプ・紙・紙加工品製造業（10％）の順となっている。ばいじんの発生量は、燃料を油から石炭に転換すると増え、天然ガスに切り替えれば減少します。

3 一般粉じん発生施設数

　一般粉じんの発生施設数（2020（令和2）年度実績）※としては、多い順に①コンベアが58.3％を占めて1位、次いで②堆積場（18.1％）、③破砕機・摩砕機（14.0％）、となっています。

※
一般粉じんは濃度による規制ではないため、施設数で整理している。

表1　一般粉じん発生施設数及び割合

施設名	施設数	割合
コンベア	41,338	58.3
堆積場	12,835	18.1
破砕機・摩砕機	9,947	14.0
ふるい	6,668	9.4
コークス炉	81	0.1
合計	70,869	100

［環境省：令和 3 年度大気汚染防止法施行状況調査（令和 2 年度実績)］

6-5 特定粉じん

特定粉じんとしては、石綿が指定されています。現在は、特定粉じんの特定工場の実態はすでにありませんが、規制強化の経緯を押さえておきましょう。

■1 「特定粉じん」について

1989（平成元）年6月に**特定粉じん**を「粉じんのうち、石綿その他の人の健康に係る被害を生じるおそれがある物質で、政令で定めるもの」と規定しました。特定粉じんに指定されているのは、石綿だけです。

■2 特定粉じん発生施設

特定粉じん発生施設は、「工場又は事業場に設置される施設で特定粉じんを発生し、及び排出し、又は飛散させるもののうち、その施設から排出され、又は飛散する特定粉じんが大気の汚染の原因となるもので政令で定めるもの」（大気汚染防止法第2条第10項）とされ、具体的には大気汚染防止法施行令別表第2の2に、解綿用機械（原動機出力3.7kW以上）など9種類の施設がとして指定されています。ただし、後述のように、石綿の事実上の全面廃止によって、これら特定粉じん発生施設の実態は2007（平成19）年度末以降、既にありません。

●石綿の事実上の全面廃止の経緯

石綿は、耐薬品性・断熱性・防音性・電気絶縁性などに優れており、石綿スレート等の製品に多用されてきました。解綿すると、直径0.18 〜 0.29μmの絹糸状の光沢ある綿状となるのが特徴です。

ILO（国際労働機関）の定義では、石綿は、天然繊維状けい酸

　塩鉱物のうち6種類（クリソタイル、クロシドライト、アモサイト、アンソフィライト、トレモライト、アクチノライト）を指し、このうち工業的使用はクリソタイル（白石綿）が最も多く、次いでアモサイト（茶石綿）、クロシドライト（青石綿）で、これら3種類でほとんどを占めています。

　クリソタイルより毒性が強いアモサイト、クロシドライトについて、阪神・淡路大震災を契機に1995（平成7）年4月1日より、1wt%を超えて含有する製品の輸入、製造、使用禁止されました。さらに2005（平成17）年ごろの石綿騒ぎを契機に、2006（平成18）年8月より、石綿及び石綿を0.1wt%を超えて含有する製剤その他の物の製造、輸入、譲渡、提供又は使用が禁止となり、これにより事実上の全面禁止となりました。

　以上の経緯から、2007（平成19）年度末の時点においてすでに、石綿を使用する特定工場は我が国には存在しません。現在の特定粉じんに関する規制の実態は、専ら、建物の解体工事等に伴う飛散防止（作業基準等）に限られています。

6-6 水銀排出施設

水銀等の法規制対象施設は「水銀排出施設」、自主的取組対象施設は「要排出抑制施設」といいます。ここでは、前者の「水銀排出施設」について記述します。

1 水銀排出施設について

水銀等に係る規制は2018（平成30）年4月1日に施行されました。これを受け、大気汚染防止法施行状況調査により、2018（平成30）年度から、水銀排出施設数の実績値が集計されるようになりました。

2020（令和2）年度実績では、水銀排出施設数の内訳は、①廃棄物焼却炉が9割近く（88.6%）と圧倒的に多くを占め、次いで②石炭燃焼ボイラー（3.6%）、③小型石炭混焼ボイラー（2.7%）となっています。

表1　水銀排出施設数及び割合

施設名	施設数	割合（%）
廃棄物焼却炉	4,028	88.6
石炭燃焼ボイラー	165	3.6
小型石炭混焼ボイラー	123	2.7
二次施設（銅、鉛又は亜鉛）	115	2.5
セメントの製造の用に供する焼成炉	58	1.3
一次施設（銅又は工業金）	36	0.8
一次施設（鉛又は亜鉛）	11	0.2
水銀回収施設	6	0.1
二次施設（工業金）	4	0.1
合計	4,546	100

［環境省：令和3年度大気汚染防止法施行状況調査（令和2年度実績）］

6-7 有害物質

大気汚染防止法の有害物質5物質の主要な発生源は、よく出題される項目の1つです。特に、有害物質の名称からは想像しにくい物質名と発生源の組み合わせについて、チェックしておきましょう。

1 有害物質について

大気汚染防止法の有害物質は、表1の左欄の5物質です。主要な発生源を同表の右欄に示します。

表1 有害物質と発生源

有害物質	発生源
カドミウム及びその化合物	**亜鉛製錬**（焼結炉、焙焼炉、溶解炉） 合金・はんだ製造 カドミウムめっき カドミウム顔料製造・使用工程
塩素及び塩化水素	塩素ガス製造・処理 塩素製造工程 鉄鋼塩酸洗い工程 無機塩素化合物製造工程 塩素化炭化水素の製造・処理工程
ふっ素、ふっ化水素及びふっ化けい素	**アルミニウム製錬** **りん酸肥料製造工程**（焼成炉、溶解炉） ガラス溶解炉 ふっ化水素、ふっ化ナトリウム等の製造工程 有機ふっ素化合物製造（合成樹脂、代替フロンなど） 焼成炉
鉛及びその化合物	鉛製錬（焼結炉、溶鉱炉、電気炉） 鉛溶解炉 鉛系顔料製造・使用工程 **クリスタルガラス溶解炉** 陶磁器焼成炉
窒素酸化物（NO_x）	各種燃焼装置 内燃機関 硝酸、テレフタル酸の製造工程 肥料、爆薬、薬品の製造工程 その他

2 有害物質の性質と特徴的な発生源

有害物質の性質と特徴的な発生源について、表2に示します。有害物質の名称からは想像しにくい、太字になっている4つの発生源と、有害物質の組み合わせを覚えておくことが必要です。

亜鉛製錬でカドミウムが排出されるのは、閃亜鉛鉱など天然の亜鉛鉱石の中には、カドミウムも随伴するからです。亜鉛はZnS、カドミウムはCdSなど、主に硫化物の形態で含まれています。

クリスタルガラス製造で鉛が使われるのは、透明度を増し、融点を低くするために酸化鉛（PbO）を添加するからです。クリスタルガラスの用途は、ブラウン管テレビのファンネル部等、プラズマディスプレイの放電単位の隔壁部、電球・蛍光灯の封着部、電子基板での絶縁・接着目的での使用、カメラのレンズ、食器用と幅広くあります。低融点で加工しやすく、透明度が高い点が重宝されてきたためです。光学ガラスなどは、無鉛化が進んでいます。

アルミニウム製錬では、原料として氷晶石（Na_3AlF_6）、ふっ化アルミニウムを用います。りん酸肥料工業では原料としてりん鉱石（2〜6%のふっ素を含む）を使います。

表2 窒素酸化物以外の有害物質の性質と特徴的な発生源

有害物質	性質	特徴的な発生源
カドミウム及びその化合物	・沸点767℃、加熱により蒸気化 ・Cd系顔料製造で、焼成時にSO_2発生	**亜鉛製錬** 顔料製造等
塩素及び塩化水素	・水に難溶、塩化水素は水によく溶け塩酸になる ・半導体製造プロセスでも使用	塩素ガス製造等
鉛及びその化合物	・塩基性炭酸鉛（鉛白）は最も古い白色顔料	鉛精製錬等 **クリスタルガラス溶解炉**
ふっ素、ふっ化水素、四ふっ化けい素	・ふっ素は、水素と反応してふっ化水素になる ・温暖化係数も高く、排出量削減対象	**アルミニウム製錬** **りん酸肥料製造工場** 蛍石を用いる窯業蛍石を伸展材に用いる製鋼業等

6-8 特定物質

特定物質は、ばい煙とともに、事故時の措置を要する28物質のことです。28物質の主な業種や用途を整理しておきます。

1 特定物質について

特定物質とは、「物の合成、分解その他の化学的処理に伴い発生する物質のうち、人の健康又は生活環境に被害を生ずるおそれがある物質」で、大気汚染防止法施行令第10条でアンモニア、ふっ化水素、シアン化水素、一酸化炭素など28物質が指定されています。特定物質は、ばい煙と並んで、事故時の措置を必要とします。

特定物質の発生源となる関連業種と用途を表1に示します。多種多様であり、覚えるのは難しいかも知れません。過去に出題されている物質について、確認しておくようにしましょう。

表1 特定物質と関連業種又は用途

物質名	化学式	主な関連業種又は用途
アンモニア	NH_3	窒素肥料の製造、硝酸・シアン化水素・アミン類などの誘導品製造、合成繊維原料（ヘキサメチレンジアミン）の製造、冷媒、各種アンモニウム塩、金属表面窒化
ふっ化水素	HF	化学肥料の製造、窯業、アルミニウム工業、ICの製造、ふっ化物の製造、発酵抑制
シアン化水素	HCN	無機シアン化合物の製造、合成繊維（アクリロニトリル、シアン化ビニリデン）の製造、石炭乾留、殺虫剤、めっき、ヘキサメチレンジアミンの合成、蛍光塗料の原料
一酸化炭素	CO	ガス製造、製鉄、カルボニル化合物の製造、メタノール合成
ホルムアルデヒド	$HCHO$	合成樹脂（尿素樹脂、フェノール樹脂、メラミン樹脂など）の製造、合成繊維（ビニロン）の製造、防腐剤・界面活性剤・石けん、パラホルムアルデヒド・ゴム・インクの製造、農薬の製造
メタノール	CH_3OH	ホルマリンの製造、メチルエステルの製造、溶剤（フィルム、塗料など）・抽出剤・香料・医薬品の製造
硫化水素	H_2S	石油精製、石炭乾留、ガスの製造、蛍光物質原料（硫化亜鉛、硫化カドミウム）の製造、乾式りん酸の製造
りん化水素（ホスフィン）	PH_3	倉庫・船倉の燻蒸*、ICのイオン注入
塩化水素	HCl	塩化ビニル・無機塩素化合物の製造、染料・顔料・医薬品・農薬・香料の製造、金属表面処理
二酸化窒素	NO_2	硝酸の製造、ニトロ化合物の製造、硫酸の製造（鉛室法）
アクロレイン（アクリルアルデヒド）	$CH_2{=}CHCHO$	グリセリンの製造、樹脂加工剤の製造、医薬品（メチオニンなど）の製造、アクリロニトリル・アルコールの製造
二酸化硫黄	SO_2	硫酸製造、金属精錬、石油精製（芳香族抽出用溶剤）、漂白（パルプなど）、化学製品の製造、還元剤・殺虫剤の製造
塩素	Cl_2	ソーダ工業、各種無機塩素化合物・有機塩素化合物の製造、さらし粉、漂白、消毒
二硫化炭素	CS_2	ビスコース人絹・スフの製造、ゴム加硫促進剤の製造、溶剤・医薬品・可塑剤・殺虫剤の製造
ベンゼン	C_6H_6	石炭乾留、石油化学、フェノールの製造、染料中間体の製造、溶剤（塗料、ゴム、抽出用など）、染料・合成繊維・防腐剤・医薬品の製造、有機溶剤の製造
ピリジン	C_5H_5N	石炭乾留、溶剤・医薬品の中間体・界面活性剤・除草剤の製造
フェノール	C_6H_5OH	合成樹脂の製造、合成洗剤原料（アルキルフェノール）の製造、石炭乾留、溶剤（潤滑油精製）・農薬・ピクリン酸・サルチル酸・医薬品の製造
硫酸（SO_3を含む。）	H_2SO_4	硫酸アンモニウム・過りん酸石灰など肥料の製造、各種無機及び有機化学製品の製造、蓄電池・爆薬の製造、精錬、めっき
ふっ化けい素	SiF_4	りん酸肥料・元素りんの製造
ホスゲン（塩化カルボニル）	$COCl_2$	合成樹脂（ポリウレタン）の製造、ポリカーボネート樹脂の製造、染料中間体・農薬・除草剤・医薬品の製造

（表1つづき）

物質名	化学式	主な関連業種又は用途
二酸化セレン	SeO_2	高純度セレン（整流器用）・セレン化合物製造、有機薬品合成酸化剤・触媒の製造
クロロ硫酸（クロロスルホン酸）	HSO_3Cl	合成洗剤（アルキルベンゼンスルホン酸）の製造、染料中間体・農薬・医薬品（スルファミン剤）・サッカリン中間体の製造
黄りん	P_4	赤りん及び各種リン化合物の製造、殺そ剤・マッチの製造
三塩化りん	PCl_3	有機りん化合物・農薬・医薬品製造、有機物塩素化剤の製造
臭素	Br_2	医薬品・染料・農薬の製造、燻蒸剤・酸化剤・プラスチック難燃剤・臭化物の製造
ニッケルカルボニル	$Ni(CO)_4$	有機合成（アクリル酸エステルの合成など）用触媒・ニッケルの製造、めっき
五塩化りん	PCl_5	医薬品の製造、有機物の塩素化剤の製造
（エチル）メルカプタン（エタンチオール）	C_2H_5SH	石油精製、着臭剤の製造

＊りん化アルミニウムとその分解促進剤（炭酸アンモニウム）が用いられる。

6-9 有害大気汚染物質、指定物質、揮発性有機化合物（VOC）

有害大気汚染物質は、可能性のある248物質の中に、優先取組物質、指定物質、指針値設定物質等を含んでいます。物質の枠組みの関係については第2章2-8も確認しておきましょう。

1 概要

有害大気汚染物質は、可能性のある248物質の中に、優先取組物質、指定物質、指針値設定物質等を含んでいます。

揮発性有機化合物（VOC）は、有害大気汚染物質と部重複していますが、VOCの定義が定性的・包括的なので、物質の種類としては、VOCの方がはるかに多くなります。

2 有害大気汚染物質について

有害大気汚染物質は、第2章2-8に述べたとおり、「低濃度であっても、継続的に摂取される場合には人の健康を損なうおそれがある物質で大気の汚染の原因となるもの」（大気汚染防止法第2条第16項）をいい、中間審答申により、該当する可能性がある物質が248物質、うち優先取組物質が23物質となっています。

優先取組物質のうち、早急に抑制対策が必要なものとして法規制が掛かっている3物質（ベンゼン、トリクロロエチレン、テトラクロロエチレン）を指定物質といい、指定物質排出施設に対して指定物質抑制基準を定めています。

指定物質にジクロロメタンを加えた4物質に、環境基準が定められています。また、アクリロニトリル等11物質に指針値が定められ、継続的にモニタリング調査が行われています。

揮発性有機化合物（VOC）は、「大気中に排出され、又は飛散した時に気体である有機化合物（浮遊粒子状物質及びオキシダ

ントの生成の原因とならない物質として政令で定める物質を除く。)」と定性的に定義されています。オキシダントや粒子状物質の原因とならないものとして、メタンなど8物質が、法的にVOCではない物質として明示されています。

　法規制対象施設(揮発性有機化合物排出施設)は、塗装、印刷、接着、洗浄、化学品製造、貯蔵の6業種における9種類の比較的大規模な施設ですが、自主的取組まで含めると、発生源は多様であるといえます。揮発性有機化合物の発生源別の寄与割合は、固定発生源9割、移動発生源1割とされています。

　VOCの発生源の例としては、6-11 🔟〜🔢項を参照してください。

6-10 悪臭物質

悪臭は、大気汚染防止法ではなく、悪臭防止法の体系で規制が行われています。出題頻度は高くありませんので、悪臭の規制体系の概要を理解しておけば十分です。

1 概要

悪臭を発生する物質には、窒素や硫黄を含む有機化合物が多く、アミン類、メルカプタン類、脂肪酸類、たんぱく質の分解物などがあります。

悪臭防止法で指定され、規制基準が決まっている特定悪臭物質は、大気中では22種類あります。

悪臭の主要な発生源は、化学品製造、パルプ製造、石油精製、石油化学、塗装、食品製造などの事業所、農業畜産業、ごみ、し尿、下水の処理場などです。

事業所からの悪臭成分は比較的種類が限られていますが、ごみなどの処理場や生活系の発生源からの悪臭成分は多様です。こうした複数成分を含む複合臭への対応策として、物質ごとの特定悪臭物質の規制基準に加えて、人の嗅覚に基づいた臭気指数による規制が導入されています。

6-11 大気汚染物質の発生源(施設別)

6-2から6-10までは、大気汚染物質がどのような発生源から発生するかを整理しました。ここでは、主要な施設からどのような物質が排出されるか、を整理します。

1 ボイラー

特徴的な排出物：<u>硫黄酸化物</u>、<u>窒素酸化物</u>、<u>ばいじん</u>、一酸化炭素、ダイオキシン類

水管式、貫流式、円筒式、煙管式などの形式があります。

使用燃料が、石炭→重油→灯油→都市ガスの順でばいじん濃度、SO_2濃度が低減します。

2 ごみ焼却炉

特徴的な排出物：<u>塩化水素</u>、ばいじん、NO_x、CO、炭化水素類、ダイオキシン類

ストーカー方式、流動層方式、ガス化溶融炉方式などの形式があります。

ダイオキシン類対策として、電気集じん機をバグフィルターに変更したり、小型から大型の連続機械炉へ置き換える、などが行われています。

3 汚泥焼却炉

徴的な排出物：一酸化二窒素(N_2O)、ばいじん、NO_x、炭化

✅ ポイント

汚染物質(発生物質)と施設名称の組み合わせが高い頻度で出題されています。特に本文中下線を引いた物質は、よく出題されています。

水素類、CO

排水の生物処理の過程からの汚泥を焼却する際に、生物の生体由来の窒素分からN₂Oが発生します（温室効果ガスのひとつ）。

4 産業廃棄物焼却炉

回転キルン形、ストーカー形など様々な形式があります。

様々な業種の産業廃棄物が焼却されるため、排ガス成分は様々です。

5 小型焼却炉

特徴的な排出物：ダイオキシン類、ばいじん、CO、炭化水素類

炉温が低く不完全燃焼しやすいため、排ガス処理設備や維持管理等が不十分な炉ではダイオキシン類の発生が多くなることがあります。

6 溶鉱炉

特徴的な排出物：CO、水素

溶鉱炉は、鉱石を溶かして還元し、金属を取り出す製錬用の炉のことです。

高炉（鉄の溶鉱炉）の場合の発生ガスは、CO（20 ～ 22%）、CO_2（21 ～ 23%）、水素（2 ～ 4%）を含んでおり、高炉ガスとして燃料に供されます。

7 コークス炉

特徴的な排出物：ベンゼン、ばいじん、SO_2、一酸化炭素

高炉用の燃料として、粘結炭を乾留して揮発分を飛ばし、炭素分だけを残したコークスが使われます。コークス炉はその製造装置であり、炭化室と燃焼室が交互にあり、約1,000℃で加熱乾留されます。

8 電気炉

特徴的な排出物：ばいじん、窒素酸化物、CO_2

鉄スクラップなどを電気炉内に投入し、炭素電極を通しアーク放電させることにより鉄を溶かし、インゴットをつくります。この際、電気が通る瞬間に高濃度のばいじん及び窒素酸化物が発生します。また、製品の純度を上げるため、酸素を注入して炭素分を二酸化炭素の形で排出します。

9 焼成炉

特徴的な排出物：NO_x

焼成炉は、対象となる原料や部品を加熱することで、結晶構造を変化させたり、焼き固めて強度や成型を行う装置です。熱源には、電気、ガスが使われます。

焼成炉の代表的なものはセメントキルンで、1,450℃の高温で運転されるため、セメントキルンからはNO_xが出ますが、SO_x、塩化水素、ダイオキシン類等は出ません※。

10 塗装施設

これ以降、14までが、VOCの発生源です。

特徴的な排出物：トルエン、キシレン

塗装物の乾燥時に、溶剤系塗料やシンナーに含まれるトルエン、キシレン、酢酸エチル、メチルイソブチルケトンなどが発生します。

11 印刷施設

特徴的な排出物：イソプロピルアルコール(IPA)、(トルエン、キシレン)

印刷業で使用される溶剤は、トルエン、キシレン、酢酸エチル等、塗装と類似する成分が含まれます。また、湿し水(オフセット印刷の際、非画線部にインキが付着しないように、版面を濡らすための水)としてアルコール類(IPA)が使われています。

※
「セメントキルンからは排出されない物質」が誤りの選択肢として非常によく出題されている。セメントキルンからは、高温燃焼のためNO_xは出やすいが、それ以外の物質は基本的に排出されない、と記憶する。

オフセット輪転印刷では、VOCの排出は少ないですが、臭気成分の排出が多く、そのため印刷機には触媒燃焼装置がほとんどの施設で付設されています。また、出版グラビア印刷においては、活性炭吸着装置がほとんどの施設に付設されています。

12 洗浄施設

特徴的な排出物：有機塩素系溶剤

めっきなど金属表面処理を行う工程では、ジクロロメタン、トリクロロエチレン、テトラクロロエチレンなどの有機塩素系の脱脂剤が使われています。

13 給油所

特徴的な排出物：燃料ガス（ガソリン、軽油）

ガソリンスタンドでは、①タンクローリーから地下タンクへの燃料の荷下ろし時、②自動車への給油時に燃料ガス成分が大気中に放出されます。いずれも、給油によって燃料の液位が上がり、燃料上面の燃料ガス蒸気が押し出されて外部へ放出されます。ベーパーリターン装置を導入している給油所もあります。

14 クリーニング施設

特徴的な排出物：テトラクロロエチレン、石油系溶剤

溶剤としてテトラクロロエチレンを使用している施設においては、活性炭による除去装置を有しているものが多くあります。

ドライクリーニングでは、凝縮による回収装置が付いた乾燥機の普及が進んでいます。

練習問題

問9 法令で定められている有害物質と発生源・発生施設の組合せとして，誤っているものはどれか。

（有害物質）	（発生源・発生施設）
(1) カドミウム及びその化合物	亜鉛精錬(焼結炉，焙焼炉，溶解炉)
(2) 塩素及び塩化水素	塩素化炭化水素の製造・処理工程
(3) ふっ素，ふっ化水素及び ふっ化けい素	りん酸肥料製造工程(焼成炉，溶解炉)
(4) 鉛及びその化合物	アルミニウム製錬
(5) 窒素酸化物(NO_x)	肥料，爆薬，薬品の製造工程

解 説

大気汚染防止法の有害物質5物質に対応する発生源に関する問題です。6-7表2に示したように、物質名から想像しにくい意外な発生源を覚えておく必要があります。

カドミウム 亜鉛製錬

ふっ素 アルミニウム製錬、りん酸肥料製造工場

鉛 クリスタルガラス溶解炉

亜鉛製錬でカドミウムが発生するのは、天然鉱石の亜鉛鉱石中にカドミウムが含まれるからです。アルミニウム製錬、りん酸肥料工場では、原料にふっ素が含まれます。

クリスタルガラスの製造では、ガラスの透明度と屈折率を上げるために酸化鉛(PbO)が添加されるため、溶解炉において鉛ダストが発生します。

POINT

アルミニウム製錬から排出される有害物質はふっ素化合物です。鉛ではありません。亜鉛製錬から排出されるのがカドミウム、アルミニウム製錬から排出されるのがふっ素化合物です。「製錬」の用語が共通しているため、よく出題されています。

したがって、(4)が誤りです。

正解 >> (4)

練習問題

問9 発生源・施設とそれに特徴的な大気汚染物質の組合せとして，誤っているものはどれか。

（発生源・施設）	（大気汚染物質）
(1) 塗装施設	テトラクロロエチレン
(2) ごみ焼却炉	ダイオキシン類
(3) ドライクリーニング施設	石油系溶剤
(4) コークス炉	ベンゼン
(5) 印刷施設	イソプロピルアルコール

解説

塗装施設で使用されるのは、トルエン、キシレン、酢酸エチル、メチルイソブチルケトン(MIBK)等です。テトラクロロエチレンは洗浄用途であり、塗料用途ではありません。

ドライクリーニング施設で使用される代表的な溶剤は、テトラクロロエチレン、石油系溶剤です。

印刷施設で使用される溶剤は、トルエン、キシレン、酢酸エチルなど塗装工程に似ていますが、イソプロプルアルコール(IPA)は湿し水に使われている点で、印刷業で特徴的な物質です。

したがって、(1)が誤りです。

正解 >> (1)

練習問題

問8　大気汚染物質とその発生源の組合せとして，誤っているものはどれか。

	（大気汚染物質）	（発生源）
(1)	カドミウム	アルミニウム製錬用溶解炉
(2)	一酸化二窒素	汚泥焼却炉
(3)	塩化水素	ごみ焼却炉
(4)	ベンゼン	コークス炉
(5)	トルエン	塗装施設

解　説

　有害物質と発生源の組合せの問題において、よく出題されているものの1つに、「製錬工程」があります。

　次の2つがありますので、物質を入れ替えることで誤りの選択肢として出題されます。

カドミウム　　亜鉛製錬　　　　　亜鉛鉱石にカドミウムが随伴

ふっ素化合物　アルミニウム製錬　原料としてふっ化アルミニウムを使用

したがって、(1)が誤りです。

正解 >>　(1)

練習問題

問7　有害物質とその発生源の組合せとして，誤っているものはどれか。

　　　（有害物質）　　　　　　（発生源）
(1)　カドミウム　　　　　亜鉛製錬用焙焼炉
(2)　塩化水素　　　　　　セメント焼成炉
(3)　ふっ化水素　　　　　アルミニウム製錬用溶解炉
(4)　鉛　　　　　　　　　クリスタルガラス溶解炉
(5)　窒素酸化物　　　　　ディーゼル機関

| 解　説 |

　頻繁に出題されるパターンの1つとして、セメント焼成炉があります。セメント焼成炉は1,450℃という高温で運転され、炉内の原料の滞留時間も数秒以上あります。このため、排出されるのは、高温燃焼で生じる窒素酸化物だけです。本問のように、セメント焼成炉の排出物として塩化水素、SO_x、ダイオキシン類などは出ません。

　したがって、(2)が誤りです。

正解 >> （2）

練習問題

問7　発生源とそこから排出される特徴的な大気汚染物質の組合せとして，誤っているものはどれか。

	（発生源）	（大気汚染物質）
(1)	ごみ焼却炉	塩化水素
(2)	ボイラー	窒素酸化物
(3)	塗装施設	トルエン
(4)	金属表面などの洗浄施設	キシレン
(5)	クリーニング施設	テトラクロロエチレン

|解　説|

　6-11で示したような、代表的な施設と発生物質、VOCの発生源等は押さえておく必要があります。金属表面の脱脂洗浄には、トリクロロエチレン、テトラクロロエチレン、ジクロロメタンなど、有機塩素系の溶剤が使用されます。キシレンはベンゼン環にメチル基（CH$_3$）が2つ付いた構造であり、洗浄用には使われません。

　したがって、(4)が誤りです。

正解 >> （4）

練習問題

問7　揮発性有機化合物（VOC）を排出する施設として，誤っているものはどれか。
　(1)　ガソリン貯蔵タンク
　(2)　塗装・乾燥施設
　(3)　クリーニング施設
　(4)　セメント焼成炉
　(5)　コークス炉

解　説

　VOCを排出する施設として設問がつくられていますが、ここでもセメント焼成炉が挙げられています。セメント焼成炉は1,450℃と高温で運転されるため、窒素酸化物は出やすいですが、それ以外の物質は燃焼分解してしまい、排出されません。VOCも排出されません。

　したがって、(4)が誤りです。

正解 >> （4）

練習問題

問9　大気汚染物質の発生源に関する記述として，誤っているものはどれか。

(1)　ボイラー，加熱炉などからは，SO_x，NO_x，ばいじんなどが発生する。

(2)　オフセット印刷，グラビア印刷などの印刷施設からは，ふっ化水素が発生する。

(3)　原材料の粉砕，選別，運搬，堆積（たいせき）などに伴い，粉じんが発生する。

(4)　ごみ焼却炉からは，ばいじん，NO_x，塩化水素などが発生する。

(5)　焙焼（ばいしょう），焼結などの製錬工程からは，鉱石中の銅，鉛，亜鉛，カドミウムなどが発生する。

| 解　説 |

　オフセット印刷、グラビア印刷などの印刷施設からは、溶剤に使用するトルエン、キシレン、酢酸エチル等の他、湿し水に使用されるイソプロプルアルコール（IPA）が排出されます。

　ふっ化水素の発生源は肥料工業、窯業、アルミニウム工業などです。

　したがって、(2)が誤りです。

正解 >> （2）

練習問題

問8　硫黄酸化物(SO_x)に関する記述として，誤っているものはどれか。

(1)　硫黄を含んだ化石燃料の燃焼により発生する主な SO_x は，二酸化硫黄(SO_2)と三酸化硫黄(SO_3)である。

(2)　微粉炭の燃焼で発生する SO_x のうち，SO_3 は 10 % 程度といわれている。

(3)　大気中に放出された SO_3 は，水分と反応して硫酸ミストを生成する。

(4)　固定発生源からの総排出量は，現在，SO_x のほうが窒素酸化物(NO_x)より少ない。

(5)　施設種別の SO_x 排出量で，最も多いのは，ボイラーである。

| 解　説 |

　硫黄を含んだ化石燃料の燃焼によって発生する SO_x は、主に二酸化硫黄(SO_2)と三酸化硫黄(SO_3)であり、その大部分は SO_2 です。SO_3 は、重油燃焼ガスでは SO_x 全体の2～5%、微粉炭燃焼ガスでは2%程度以下含まれるといわれています。SO_3 は、微粉炭燃焼ガスでは10%までは達しません。

　したがって、(2)が誤りです。

正解 ≫　(2)

第1章
第2章
第3章
第4章
第5章
第6章
第7章
第8章

練習問題

問9　発生源・施設とそれに特徴的な大気汚染物質の組合せとして，誤っているものはどれか。

	（発生源・施設）	（大気汚染物質）
(1)	廃棄物焼却炉	水銀
(2)	コークス炉	テトラクロロエチレン
(3)	塗装施設	トルエン
(4)	印刷施設	イソプロピルアルコール
(5)	ドライクリーニング施設	石油系溶剤

解　説

　廃棄物焼却炉は、水銀等の法規制対象施設（水銀排出施設）になっており、水銀が排出されます。塗装施設からのトルエン、印刷施設での湿し水用のイソプロピルアルコール（IPA）、ドライクリーニング施設での石油系溶剤（あるいはテトラクロロエチレン）は、いずれも代表的な排出物質です。

　コークス炉は、粘結炭を1,000℃で乾留して高炉燃料用のコークスを製造する装置です。主な排出物質はベンゼン、ばいじん、SO_2、一酸化炭素であり、洗浄剤用途が主のテトラクロロエチレンは排出されません。

　したがって、(2)の組合せが誤りです。

正解 >>　(2)

第7章

大気汚染による影響

7-1 主なエピソード

20世紀初頭から半ばにおける、大気汚染の災害事件的なエピソードについて記述します。出題頻度は高くありません。

1 大気汚染による災害事件

大気汚染に対する知見や対策が不十分であった20世紀前半から中ごろにかけて、表1に示すような災害的事件等が起こっています。要因物質は主に化石燃料の燃焼に伴う SO_2 で、ロンドン事件は家庭用暖房からの排出が原因です。地理的条件や気象条件が重なって、災害的事件となっています。ロンドン事件の「過剰死亡4,000人」以外は、個別の事件を識別できるような特徴的な記述がそれほどありません。

表1　20世紀前半における大気関係の災害的事件

事件名	要因
ミューズ事件 （ベルギー、1930）	気温逆転、工場からの SO_2 などの汚染物質濃度増加、60人死亡。
ドノラ事件 （米国、1948）	気温逆転、工場からの SO_2 などの汚染物質濃度増加、17人死亡。（同時期の平均死亡率の8倍）
ロンドン事件 （イギリス、1952）	気温逆転、浮遊ばいじん濃度が平時の十数倍、SO_2 濃度6倍、例年の同時期に比し、4,000人の過剰死亡。
ロサンゼルス事件 （米国、1955）	37.8℃以上の高温の大気汚染、特に65歳以上の死亡者増加。（汚染よりも高温と関係の可能性が強いこと判明。）
ポザリカ事件 （メキシコ、1950）	硫黄工場で不注意から硫化水素流出、22人死亡。

表2 20世紀半ばにおける大気関係との関係で問題になった主な事件

事件名	概要
東京 – 横浜ぜん息 （1946頃～）	米軍及び家族にぜん息様症状患者多数、大気汚染関連問題。
ニューオリンズぜん息（米国、1953頃～）	ぜん息患者異常増加、焼却場からの汚染物、穀物粉じん問題。
四日市ぜん息 （1961頃～）	ぜん息様有症率増加、SO_2汚染物との関係問題。
光化学スモッグ事件 （1970）	東京都などで運動中の中・高校生が目や咽頭の粘膜刺激症状、せき、呼吸困難、頭痛、しびれ感、一部呼吸困難、けいれん発作（重症例は原因不明）

第1章
第2章
第3章
第4章
第5章
第6章
第7章
第8章

7-2 大気汚染の人に対する影響

　ここでは、リスクの考え方と、閾値の有無と基準値・許容値の設定の考え方や「急性影響と慢性影響」について学習しましょう。

1 概要

　有害性や危険がある物質はなんでも禁止や規制を行う、というかつてのハザード型の管理から、さらに**暴露**※も加味して、有害な物質でも暴露が小さければ使用できる、逆に有害性が低い物質でも暴露が大きければ健康影響が生じ得る、というリスク管理の考え方に1990年代ごろから変わってきています。ここでは、リスクの考え方と、主要な物質の健康影響について説明します。

※：暴露
有害性のある物質や媒体に晒される程度を「暴露」という。精確には「曝露」と書くが、「暴露」という漢字も慣用的に用いられている。

2 影響のとらえ方

　ある大気汚染物質が人に有害な影響を及ぼすかを決定する因子は、次の3つになります。

　　①物理・化学的性状（ハザード、有害性）
　　②暴露量（濃度×時間）（暴露）
　　③生体側の条件（性、年齢など）（個体差）

　これは、リスクの考え方でいえば、有害性×暴露の程度（＝①×②）がリスクの大きさを表し、③はそのリスクに晒される側の個体差による違いを意味しています。

　暴露量が増えるにつれて、健康→半健康→機能障害→疾病→死亡と影響が大きくなります。

3 閾値の有無と基準値・許容値の設定の考え方

汚染物質の暴露量を横軸に、それによる影響の強さ又は影響を受ける割合を縦軸にとったものを量−反応曲線といいます（図1）。これには、物質の発がん性の有無によって、以下の2つの取り扱い方があります。

●閾値のある物質（非発がん性物質（がんの促進物質を含む））

非発がん性物質では、ある濃度以下になると悪影響がみられなくなる境目の値（これを閾値という）があると考えます（図1の左図）。閾値としてよく用いられるのは、悪影響が観察されない暴露量（NOAEL（無毒性量））です。閾値の値に対して、不確実性要因を考慮して十分な安全率を見込んで、許容濃度や環境基準が定められます。

●閾値のない物質（発がん性物質）

発がん性物質では、閾値がなく、非常に低い暴露量でも影響がゼロにならないと考えます（図1の右図）。このため、実質的に安全とみなすことができるリスクレベルで許容する考え方がとられています。

我が国では閾値のない物質の環境基準に設定にあたって、この許容するレベルとして、生涯リスクレベル10^{-5}を目標にし

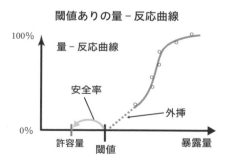

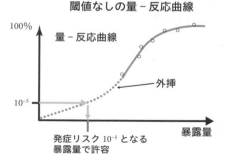

図1　量−反応曲線と閾値の有無

ています。例えば、ベンゼンの環境基準は0.003mg/m³ですが、これは、この濃度のベンゼンを含む大気を生涯にわたって吸入したとき、それが元で、10万人に1人が過剰死亡するようなリスクレベルを表しています。

4 急性影響と慢性影響

大気汚染の人体影響は、大きく分けて急性影響と慢性影響に分けられます。

①**急性影響**：暴露時間は短期間(通常数時間から数日間)

②**慢性影響**：暴露期間は、通常1年以上にわたる

有害物質の人への暴露経路には、大別して①吸入(呼吸気→肺)、②経口(食物、飲料水→消化器)、③経皮(皮膚からの侵入→血管)の3つがありますが、特に大気の場合、吸入による呼吸器系統への影響が大きいといえます(人は毎日2万数千回、約1万Lの空気を呼吸)。

表1 大気汚染の影響

急性影響（短期間暴露）	慢性影響（長期間暴露）
○全死因死亡率(非事故性)特に呼吸器系及び心血管系疾患による日死亡率の増加 ○呼吸器系及び心血管系疾患の病状の増悪、その結果として ・診療所や救急外来受診及び入院の増加 ・学校や仕事を休む ・日常生活の活動制限 ○眼や気道の急性刺激症状 ・眼の痛みや涙など ・咳、痰、喘鳴など ○肺機能の変化	○心血管系及び呼吸器系疾患による死亡率の増加 ○慢性呼吸器疾患(喘息や慢性閉塞性肺疾患など)の発生率や有病率の増加 ○肺機能の慢性変化(主に閉塞性障害の進展) ○心血管系疾患の発生率や有病率の増加 ○肺がんによる死亡率の増加との関連

7-3 各種大気汚染物質による人の健康影響の概要

ここでは、大気汚染物質による呼吸器への影響の全体像について整理します。個別の物質ごとの影響については、7-4で整理します。

1 概要

吸入された空気は、最終的に肺胞で純物理学的な拡散によって、ガス交換(空気中から血液中に酸素が移動、血液中から空気中に二酸化炭素が移動)が行われます。大気汚染による健康影響には多くの因子が関与している複雑系です。大気汚染濃度が高かった時代に比べて、大気汚染濃度は低下しており、評価がかつてより難しくなっています。

大気汚染物質の生態影響の概要は、以下の通りです。

①SO_2は水への可溶性が高いため、上部気道(鼻腔、咽頭、喉頭、気管)に影響を及ぼします。

②NO_2やオゾンは水に緩慢に溶けるので、下部気道(細気管支、肺胞)に影響を及ぼします。

③オゾンは、NO_2と影響像が似ており、同じ濃度であれば、オゾンの方が毒性が強い。

④粒子状物質の影響として特徴的なのは、心臓血管系疾患の悪化です(ハーバード6都市研究などで明らかにされています)。

⑤粒子状物質は、濃度以外に粒子径及び粒子の化学的性質により影響が異なります。さらに、微小な粒子の場合には、粒子表面に別の化学物質を吸着し、それが肺胞等に到達して悪影響を及ぼすことがあります※。

※
微小な粒子状物質が、別の化学物質の運び手になってしまい、粒子自体を構成する成分の有害性とは関係ないものも吸着して運んできてしまうのが厄介なところである。

表1 大気汚染物質による人健康影響の概要

物質	化学的性質	呼吸器等の反応又は影響
SO₂	・水に易溶性 ⇨ 上部気道（鼻腔、咽頭、気管など）	・オゾン、NO₂、SO₂などの気道刺激性ガスは、ある濃度以上になると線毛運動を抑制・線毛を脱落（気道清浄機構を障害）
NO₂・オゾン	・水に緩慢な可溶性 ⇨ 下部気道（細気管支や肺胞など）	
粒子状物質	・濃度以外に粒子径及び粒子の化学的性質 ・気道への沈着率：粒径と呼吸数で決まる。 ⇨ 心臓血管系疾患の悪化	・沈着した粒子：線毛連動により、咽頭へ運搬→排出される。 ・粒子に気道刺激性がある場合、気道に障害を及ぼす。 ・線毛のない肺胞領域に沈着した粒子は、肺胞内の貪食細胞に捕食されたり、残留粒子として肺組織内に侵入し、じん肺などの病変を起こしたりする。

2 粒子状物質の沈着率（気管気管支領域 / 肺胞領域、運動時 / 安静時、粒子径別）

　図1より、粒子状物質の呼吸器系への沈着について、表2のような特徴が認められます。

表2 粒子状物質の呼吸器系への沈着現象の特徴

領域	沈着現象の特徴
気管気管支領域	①口呼吸では、安静時、運動時に関係なく 0.05～2μm（鼻呼吸では10μm以上）の粒子の沈着率が低い。 ②沈着率は2μm以上、あるいは0.05μm以下になると増加するが、ある粒径（粒子径）から沈着率は再び低下するといわれている。 ③0.05μm以下では安静時では鼻呼吸より口呼吸の方が沈着率が高い傾向を示し、2μm以上でも類似の傾向がみられる。
肺胞領域	①0.1～1μmの粒子のみならず、粗大粒子の上端の粒子及び超微小粒子の下限で粒子の沈着率が低くなる。 ②沈着率は1μm以上、あるいは0.1μm以下になると増加するが、ある粒径（粒子径）から再び低下するといわれている。 ③安静時と運動時で沈着率が異なる。

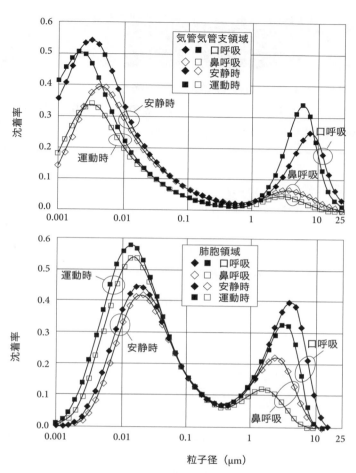

（注）　1　ICRP モデル及び MPPD モデルより計算。0.01 μm 以下の沈着
　　　　率は不確かであるが傾向を示した。
　　　　2　図の見方：例えば気管気管支領域では，大まかにいって 2 μm
　　　　以上では鼻呼吸より口呼吸の方が沈着率が高く，口呼吸では，大
　　　　まかにいって 10 μm 近くまでは運動時（■）の方が安静時（◆）
　　　　より沈着率が高い傾向を示している。
［米国環境保護庁：Air Quality Criteria for Particulate Matter, 2004 年の
Figure 9-3 より一部引用］

図1　粒子状物質の沈着率

7-4 主要大気汚染物質による健康影響

　ここでは、環境基準がある、あるいは規制されている物質について、個別に健康影響を整理しています。どのような物質が、どのような健康影響を及ぼすか、は出題頻度が高いので覚えておきましょう。

よく出る！

1 二酸化硫黄（SO_2）

　吸収されたSO_2は生体内の水分と反応し、亜硫酸水素イオン（HSO_3^-）と亜硫酸イオン（SO_3^{2-}）になります。<u>水に易溶性であり、上部気道で吸収</u>され、鼻粘膜〜気管支を刺激します。体内に吸収された後、ほとんどは肝臓で解毒され、硫酸塩として尿中に排泄されます。

　$1\mu m$前後の微粒子に吸着した場合には、肺胞等の下部気道に到達します（影響大）。

表1　SO_2の濃度と人健康影響

濃度	人への影響
0.1〜0.3ppm（2時間）	ぜん息患者：軽運動下影響なし
0.3〜0.5ppm（2時間）	ぜん息患者：中等度運動下、呼吸器症状・肺機能変化
0.75〜1.0ppm（2時間）	ぜん息患者：安静下、呼吸器症状・肺機能変化

2 二酸化窒素（NO_2）

　NOよりNO_2の方が毒性が強く、燃焼過程からの排出直後はほとんどがNOですが、空気中で酸化されNO_2となります。このため、環境基準、排出基準はNO_2に対して設定されています。

　NO_2は、細胞膜の不飽和脂質を酸化し、過酸化脂質を形成することで、細胞膜に傷害を与えます。<u>水への可溶性は緩慢な</u>

ため、下部気道(終末細気管支～肺胞)に侵入して影響を及ぼします。高濃度の場合、肺気腫を形成することがあります。

表2 NO₂の濃度と人健康影響

濃度	人への影響
0.11ppm	におい感知(閾値)
0.2～0.3ppm(1時間)	気管支ぜん息患者：気道反応性の亢進(高まること)
1.0ppm以上(2時間)	健康者で肺機能の変化

3 一酸化炭素(CO)

一酸化炭素(CO)は不完全燃焼で生成し、固定発生源や家庭等からの排出に比べて、自動車排出ガスからの寄与が大です。環境基準達成率は1983(昭和58)年以来、一般局も自排局も100%を維持しています。

COは肺胞で赤血球のヘモグロビン(Hb)と強く結合する性質(CO-Hbは、酸素との結合力の200～300倍)があるため、COを吸入すると血液中の酸素不足が起こり、頭痛、疲労感、めまいなどの症状が現れます。主に中枢神経(特に大脳)や心筋に影響します。

なお、COは生体内でも微量形成され、CO-Hbは0.1～1.0%くらいあります。

第1章
第2章
第3章
第4章
第5章
第6章
第7章
第8章

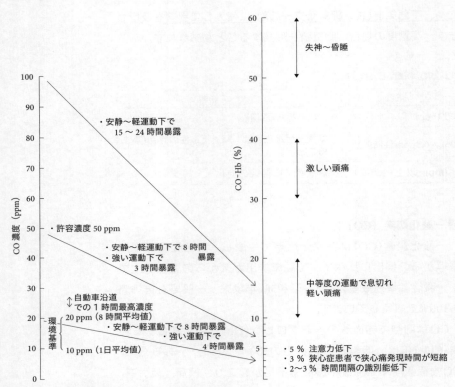

図1 COの大気中濃度、血中CO-Hb濃度とその影響

4 光化学オキシダント

　大気中のNO_2と炭化水素類が光化学反応によりオゾン、PANなど酸化力の強い物質を生成します。これが光化学オキシダントです。90%以上はオゾンです。

　<u>O_3の生態影響は気道刺激症状</u>（下部気道への刺激、細気管支炎、肺気腫など）で、<u>NO_2に影響像が類似している</u>（同一濃度で比較するとO_3の方が強い）のが特徴です。

　<u>PANは眼結膜刺激物質</u>です。

5 浮遊粒子状物質（微小粒子状物質も含む）

粒子径が10μm以下の粒子を浮遊粒子状物質といい、大気中の滞留時間が長いので、吸入して健康影響を生じるおそれがあり、PM_{10}（我が国ではSPM）の環境基準やガイドラインが定められています。

ほとんどの疫学研究で2.5μm以下を微小粒子として扱っています。$PM_{2.5}$は、主に以下の2つより成ります。

①超微小粒子（粒子径が100nm以下の粒子）

②蓄積モード粒子（大気中で蒸気の状態から凝集や凝縮により粒子化した粒子）

PM_{10}よりも$PM_{2.5}$のほうが人の健康に悪影響を与える物質を多く含み、かつ呼吸気道への浸入・沈着率も高いといえます。大気汚染の健康影響について、ガス状汚染物質よりも微小粒子が重要な役割を演じていることを科学的に実証したのがハーバード大学の六都市研究（1992年に論文発表）です。

$PM_{2.5}$の健康影響は多岐にわたりますが、特徴的なのは、心血管系への影響です。短期暴露、長期暴露とも影響があり、死亡率も有意に上昇します。

米国では、PM_{10}（10μm以下の粒子）の環境基準に加えて$PM_{2.5}$（2.5μm以下の粒子）の環境基準（国家大気質基準）を1997年に公表しました。日本でも平成21年9月に微小粒子状物質の環境基準（年基準値15μg/m³以下、24時間値35μg/m³以下）が

表3　粗大粒子と微小粒子

	発生源	具体的な例
粗大粒子 $PM_{10-2.5}$	建築物等の建設や破壊、石炭燃焼等からのフライアッシュ、タイヤ・ブレーキ・道路の摩損、道路粉じんの再浮遊	粗大粒子との反応からの硝酸塩や硫酸塩、地殻元素の酸化物、花粉、真菌等
微小粒子 $PM_{2.5}$	化石燃料や有機燃料の燃焼、高温燃焼等	自動車排気等に含まれる元素状炭素（EC）（一次粒子）金属化合物、燃焼により発生したNO_2やSO_2が大気中で物理的化学的変化（光化学反応を含む）を受けて生成された硝酸塩や硫酸塩等（二次生成粒子：$PM_{2.5}$への寄与割合が大きい）

設定されました。

6 ディーゼル排気粒子（DEP）

自動車排ガス（特にディーゼル排気粒子）と関連があります。

粒子径は0.02 〜 0.5μmで、うち約90％が1μm以下、平均粒子径0.2μm前後と微小な粒子を多く含んでいます。粒子表面に、多くの変異原性や発がん性のある付着物質を伴います。

症状としては、ぜん息様症状、アレルギー性鼻炎（花粉症）、ぜん息による入院の増加や肺機能変化との関連が懸念されています。

近年、ディーゼル排ガスの後処理装置を含めた技術革新と燃料の改良（低硫黄化など）により、ディーゼルエンジンからの粒子状物質を含めその他の汚染物質の排出は極めて低くなっています。

7 石綿（アスベスト）

石綿暴露作業従事者においては、石綿肺、肺がん、悪性中皮腫等の疾病のリスクがあります。

主要な工業用石綿3種類の毒性は、<u>アモサイト、クロシドライトの方がクリソタイルよりは中皮腫の危険度が高い</u>とされています。使用量はクリソタイルが最も多くなっています。

8 有害大気汚染物質

閾値がある物質とない物質に大別して扱います。

●ベンゼン

閾値なし（＝人に対する発がん性あり）として扱い、生涯リスクレベル10^{-5}に相当するように環境基準が定められています。

●トリクロロエチレン

閾値ありとして1997（平成9）年に環境基準値（年平均値

0.2mg/m³）が設定されましたが、その後IARCの発がん性分類が2014年に2A→1に見直され、これを受け、安全係数を1000→1500に強化して環境基準が年平均値0.13mg/m³に改定されました。

●テトラクロロエチレン、ジクロロメタン

閾値あり※として扱い、環境基準が定められています。

⑨ ダイオキシン類

ダイオキシン類の毒性は、発がん性、生殖毒性、催奇形性、免疫毒性等多岐にわたっています。

ダイオキシン類対策特別措置法では、耐容一日摂取量（TDI）を4pg-TEQ（1日体重1kg当たり）としています。

※
テトラクロロエチレン、ジクロロメタンは人に対する発がん性は認められていないが、動物実験では発がん性が確認されており、人健康影響として、中枢神経障害などがある。

練習問題

問8　粒子状物質の生体影響に関する記述として，正しいものはどれか。

(1) 粒子径がおよそ $0.05 \sim 2\,\mu m$ の範囲で，気管気管支領域への沈着率は最大となる。

(2) 粒子の気道への沈着率は，呼吸数によって変化しない。

(3) 粒子径が数 μm の粒子の肺胞領域への沈着率は，口呼吸と鼻呼吸で差はみられない。

(4) 線毛運動による粒子の除去は，オゾンや二酸化窒素の曝露の影響を受けない。

(5) 呼吸器疾患だけでなく，心臓血管系疾患の病状の悪化も起こす。

┃ 解　説 ▶

　粒子状物質の気管や肺への沈着特性、健康影響に関する出題です。

　気管気管支領域では、沈着特性は2山のピークを成し、粒子径がおよそ0.05 〜 2μmの範囲で、沈着率が低い、中だるみのグラフになります(7-3図1参照)。

　気道への沈着率は呼吸数によって、肺胞領域への沈着率は口呼吸と鼻呼吸で差が生じます。

　オゾン、NO_2、SO_2 などの気道刺激性ガスは、ある濃度以上になると線毛運動を抑制したり、線毛を脱落させたりして、気道の清浄機構を阻害します。

　粒子状物質の人健康影響として、呼吸器疾患だけでなく、心臓血管系疾患の悪化を引き起こすことが知られています。

　したがって、(5)が正しいです。

正解 ≫　(5)

練習問題

問9　大気汚染の人に対する影響に関する記述として，誤っているものはどれか。

(1)　ある汚染物質が有害であるか無害であるかを決定する主要因子は，その汚染物質の物理的・化学的性状，暴露量及び暴露される生体側の条件である。

(2)　暴露量は，一般には，生体をとりまく環境中の汚染物質の濃度と暴露時間（濃度×時間）で表される。

(3)　健康への影響は，機能障害，疾病，死亡などに分類される。

(4)　健康への悪影響が観察されない暴露量を無毒性量（NOAEL）という。

(5)　影響に閾値がない場合，実質的に安全とみなすことができるリスクレベルとして，我が国では生涯リスクレベル 10^{-6}（1/100万）を目標にしている。

| 解　説 ▶

　リスク評価に基づくリスク管理に関する出題です。化学物質が健康被害等をもたらすかどうかは、①その物質の物理・化学的性状（ハザード、有害性）、②暴露量、さらに③暴露される生体側の条件（個体差）によります。①×②がリスクの大きさに相当します。

　リスクの取り扱いは、物質が発がん性を有するか否かで異なります。非発がん性物質（がんの促進物質を含む）では、ある暴露量以下では、有害な健康影響が現れなくなる境目の値（これを閾値という）があると考え、閾値に対して個体差等の不確実性を考慮して環境基準や許容摂取量等の基準値を設定します。例えば、トリクロロエチレンの環境基準 0.13mg/m^3 は、閾値のあるモデルで設定され、安全率は1,500の値がとられています。

　一方、発がん性物質は、遺伝子損傷などにより確率的にがんが生じるため、暴露量が小さくてもリスクがゼロになりません。このため、許容するリスクの大きさを定め、それ以下であれば実質的に安全と見なす方法が採られています。我が国における発がん性物質の環境基準は、許容するリスクの大きさを生涯リスク 10^{-5} として設定しています。

　例えば、ベンゼンの大気の環境基準は 0.003mg/m^3 ですが、これは、この濃度のベンゼンを含む大気を生涯吸入した場合に、10万人に1人が、このことが要因で過

剰死亡するようなリスクの大きさを表しています。

したがって、(5)が誤りです。

POINT

閾値がない物質に対しては、生涯リスクレベルを10^{-6}（100万人に1人が過剰死亡）ではなく**10^{-5}**として環境基準値等を定めています。

正解 >> （5）

練習問題

問9　二酸化硫黄（SO_2）及びその健康影響に関する記述として，誤っているものはどれか。

(1) SO_2 は水に易溶性なので上部気道で吸収されやすい。

(2) SO_2 が生体内の水に溶けると解離して，水素イオン，亜硫酸水素イオンと亜硫酸イオンが発生する。

(3) 生体に吸収された SO_2 のほとんどは，肝臓で解毒され，硫酸塩となって尿中に排泄される。

(4) 1952 年に米国のロサンゼルスでは，気温逆転によって SO_2 濃度が平時の6倍に達し，例年の同時期に比べると約 4000 人が過剰死亡したといわれている。

(5) 1960 年代に四日市地区ではぜん息様症状の有症率が増加し，SO_2 との関係が問題になった。

┃解　説┃

二酸化硫黄の健康影響に関する出題です。SO_2 は水に易溶で、上部気道で吸収されやすい性質があります。生体内では水に溶け、水素イオン、亜硫酸水素イオン $HSO_3{}^-$、硫酸イオン $SO_4{}^{2-}$ を生じます。生体内に吸収された SO_2 のほとんどは肝臓で解毒され硫酸塩となって尿中に排泄されます。SO_2 は我が国では、四日市喘息の主要な要因物質です。

20世紀前半に、世界各地で起こった大気汚染の災害的事件は、多くは SO_2 が原因物質であり、気象条件等の特殊な条件が重なって起こっています。1952年に4,000人が過剰死亡したのはロンドン事件です。ロサンゼルス事件は1955年で、後年の研究により、大気汚染よりも、高温が原因であるとされています。

したがって、(4)が誤りです。

正解 >> （4）

練習問題

問8　窒素酸化物に関する記述として，誤っているものはどれか。

(1)　燃焼に伴って発生する窒素酸化物(NO_x)は，主として一酸化窒素(NO)と二酸化窒素(NO_2)である。

(2)　NOは大気中の化学反応によってNO_2に酸化される。

(3)　NOよりもNO_2のほうが，人体に対する毒性が強い。

(4)　サーマルNO_xは燃料中の窒素分が原因で発生する。

(5)　平成17年度における固定発生源としての排出量が最も多い施設は，ボイラーである。

解説

　窒素酸化物の大気中での性質と健康被害に関する出題です。窒素酸化物は主にNOとNO_2からなり、燃焼過程から排出された直後は大部分はNOですが、空気中で酸化され、NO_2となります。NOよりもNO_2の方が毒性が強く、環境基準、排出基準等はNO_2に対して設定されています。NOとNO_2を合わせて、NO_xといいます。固定発生源としてNO_2の排出量が最も多い施設はボイラーで、この傾向はずっと変わっていません。なお、NO_2の方が、SO_2よりも年排出量は多くなっています。

　NO_xは、発生機構により2つに分類さます。燃料中の窒素分が原因で、それが酸化されてNO_xとなるものをフューエルNO_x、燃焼用の空気に含まれる窒素分が酸化されてNO_xとなるものをサーマルNO_xといいます。

　したがって、(4)が誤りです。

POINT

　フューエル（fuel）は燃料、サーマル（thermal）は熱による、という意味ですから、比較的意味はわかりやすいと思います。

正解 >> （4）

練習問題

問9　一酸化炭素(CO)による大気汚染とその生体作用に関する記述として，正しいものはどれか。

(1) 大気中濃度への寄与は，移動発生源よりも固定発生源のほうが大きい。

(2) 環境基準達成率は，ここ数年約90％で推移している。

(3) 生体内でヘモグロビンを破壊することにより貧血を生じる。

(4) 生体内でも微量のCOが形成される。

(5) 最も影響を受けやすい臓器は肝臓である。

| 解　説 ▶

一酸化炭素による大気汚染と健康被害に関する問題です。COの大気濃度への寄与は、固定発生源より移動発生源の方が大きいとされています。環境基準達成率は、1983（昭和58）年以降、一般局も自排局も両方とも100％を維持しています。令和2年度の実績では、大気中濃度(1時間濃度の1日平均値)は一般局0.2ppm、自排局0.3ppmとなっています。COは生体内でヘモグロビンと結合し、その結合力はO_2–Hbの200〜300倍も強いため、酸素の運搬を妨害し、大脳や神経系に影響を及ぼします。

なお、生体内でも微量のCOが形成されます。

したがって、(4)が正しいです。

正解 ≫　(4)

7-5 許容濃度と環境基準

　作業環境で有害物質が発生する場合、どの程度の衛生対策を考えたらよい
かの管理基準が必要となり、目安となるのは日本産業衛生学会が勧告してい
る許容濃度です。ここでは許容濃度と環境基準を対比的に概要を整理します。

1 許容濃度

　許容濃度とは、「労働者が1日8時間、週間40時間程度、肉体
的に激しくない労働強度で有害物質に暴露される場合に、平均
暴露濃度がこの数値以下であれば、ほとんどすべての労働者に
健康上の悪い影響がみられないと判断される濃度」です。短時
間で急性影響が出るような物質については、最大許容濃度によ
り勧告されています。

　感受性は個人ごと異なるので、許容濃度を単純に毒性の強さ
の相対比較の尺度として用いてはならないことになっています。

　許容濃度は職場での労働者の健康障害を予防するための手引
きとして使用することを目的として勧告しているもので、安全
と危険の境界を示すものではありません。

2 環境基準

　環境基準は、環境基本法第16条に規定され、行政上の目標
であって、人間の環境の最低限度や最大許容限度あるいは受忍
限度といったものとは、概念上異なります。

　生体影響に関する科学論文から判定条件を作成しますが、さ
らに、基準達成のための技術的条件、基準達成のための費用、効
果、人の健康の保護の程度等も勘案し、政策的に地域社会の望
ましい基準として決定されます。科学的な知見に加え政策的問
題が介入します。環境基準を達成するために、排出規制が行わ
れますが、環境基準が厳しいほど汚染防止の費用が増大します。

7-6 公害健康被害の補償等に関する法律

ここでは、「公害健康被害補償法」で行われる、公害による健康被害に対する補償の地域を指定して認定する方法、昭和62年の改正後の新規患者の認定が終了していることなどを理解しておきましょう。

1 概要

　公害による健康被害に対する補償が、公害健康被害補償法により行われてきました。この法律の対象は大気汚染と水質汚濁ですが、特に大気については、疾病と汚染原因を関連付けることが困難なため、地域を指定して認定する方法がとられてきました。このあらましと、1987（昭和62）年の改正により、新規患者の認定を終了し、一段落している点を押さえておきましょう。

2 公害健康被害補償法

　公害健康被害の救済を迅速かつ円滑に行うため、公害による健康被害に対して、一定の給付を行い損害を塡補し、費用を汚染原因者に負担させる制度は、1969（昭和44）年の公害に係る健康被害の救済に関する特別措置法を経て、1973（昭和48）年の公害健康被害補償法の制定によりスタートしました。

　公害健康被害補償法は、大気の汚染又は水の汚濁による健康被害としての疾病が対象で、損害賠償費用は、汚染原因者がその寄与度に応じて負担するしくみです。

　対象地域は次の2つです。

●第1種地域

　汚染物質との間に特異的な関係がなく、健康被害者個々人について原因物質を特定することが困難な疾病（慢性気管支炎、

気管支ぜん息、肺気腫など）の多発した地域。

●第2種地域

汚染物質との間に特異的関係が認められる地域（水俣病、イタイイタイ病、慢性ひ素中毒症など）

③ 公害健康被害補償制度の見直し（1987（昭和62）年）

第1種地域については、指定当時の高濃度 SO_2 濃度は著しく改善されたため、法律名を「公害健康被害の補償等に関する法律」と変更し、公害健康被害補償制度の見直しが行われました。改正のポイントは以下の通りです。

　①第1種地域の解除
　②患者の新規認定の廃止
　③現在の補償の継続
　④新たな地域環境保健・環境改善事業の実施

7-7 植物に対する大気汚染物質の影響

植物に対する大気汚染物質の影響について解説します。原因となる物質とその影響について理解しておきましょう。

1 概要

植物に悪影響を与える大気汚染物質には、主に以下のようなものが挙げられます。

硫黄酸化物、ふっ素化合物、光化学オキシダント、非メタン炭化水素、塩素、塩化水素、窒素酸化物、ホルムアルデヒド、アンモニア、硫化水素、一酸化炭素、紫外線、ばいじん、粉じんなど

光化学オキシダント（オゾン、PAN）は植物毒性が強いことで知られており、農作物の被害は極めて深刻な環境問題とされています。

2 植物毒性に基づく大気汚染物質の分類

植物に対する毒性の強弱により分類すると、表1のようになります。この分類は出題頻度が高いので、押さえておきましょう。

☑ ポイント

大気汚染物質が植物に与える影響については、物質による植物毒性の強さの分類（強・中・弱）と、物質ごとに特徴的な植物被害の2つがよく出題されています。

表1　植物毒性の強さの分類と該当物質

毒性レベル	大気中濃度範囲	汚染物質
比較的強い	数ppb～数十ppb	ふっ化水素、四ふっ化けい素、エチレン、塩素、オゾン、PAN
中程度	数百ppb～数ppm	SO_2、SO_3、硫酸ミスト、NO_2、NO
比較的弱い	数十ppm～数千ppm	ホルムアルデヒド、塩化水素、アンモニア、硫化水素、CO

3 急性被害と慢性被害

　植物被害の程度は、大気汚染物質の濃度と暴露時間の積（ドース、dose）「暴露濃度×時間」に左右されます。

　①**急性被害**：高濃度・短時間暴露

　　→葉の顕著なクロロシス（黄白化）症状やネクロシス（細胞・組織の壊死）症状

　②**慢性被害**：低濃度・長期間暴露

　　→作物等が生育不良状態に陥り、比較的軽度のクロロシス症状。

　③混合被害：①と②の重複被害

4 大気汚染物質の植物への侵入経路

　植物への大気汚染物質の侵入経路は、主に次の2つになります。

✅ ポイント

次のように覚えましょう。

【植物毒性が比較的強い物質】

　①光化学オキシダント（オゾン、PAN）

　②有害物質のうちハロゲン系物質（塩素とふっ素）（ただし、塩化水素は弱）

　③エチレン（植物に対するホルモン作用あり）

【植物毒性が中程度の物質】

　SO_xとNO_x

①大気汚染物質が葉面から植物体内へ吸収される場合

②土壌や水を汚染して間接的に根から吸収される場合

　ガス状大気汚染物質は、葉の気孔を介して植物体内に侵入します。これに対し、すす、粉じん、石綿及びダイオキシン類などは葉の表面に付着して被害を及ぼします。

5 主要汚染物質による被害の特徴

　主要な汚染物質による、植物被害の特徴を表2に整理します。

表2　主要汚染物質の植物被害の特徴

汚染物質・毒性の強さ	限界濃度・時間	被害部	症状
オゾン（強）	0.03ppm 4時間	柵状組織	小斑点、漂白斑点、色素形成、生育抑制、早期落葉
PAN（強）	0.01ppm 6時間	海綿状組織	葉裏面の金属色光沢現象
NO_2（中）	2.5ppm 4時間	葉肉部	葉脈間の白色・褐色、不定形斑点
SO_2（中）	0.3ppm 8時間	葉肉部	葉脈間不定形斑点、クロロシス、生育抑制、早期落葉
ふっ化水素（強）	0.01ppm 20時間	表皮及び葉内部	葉の先端・周縁枯死、クロロシス、落葉
塩素（強）	0.1ppm 2時間	表皮及び葉肉部	葉脈間等漂白斑点、落葉

☑ ポイント

　植物被害の特徴だけで、原因物質が特定できるのが、PANとふっ化水素です。これ以外の物質は葉脈間斑点など類似していますので、毒性の強さとともに示すことで、物質が特定できるように出題されています。

　　葉の裏面、金属光沢　⇨PAN

　　葉の先端、周縁　⇨ふっ化水素

　　葉脈間漂白斑点　⇨オゾン、SO_2、塩素

　　毒性強　⇨光化学オキシダント、塩素、ふっ素化合物（ただし塩化
　　　　　　　水素は除く）、エチレン

　　毒性中程度　⇨NO_x、SO_x

練習問題

問10　植物に対する毒性が比較的強く，大気中で数 ppb から数十 ppb の濃度レベル
で植物被害が発生する大気汚染物質として，誤っているものはどれか。

(1)　オゾン

(2)　パーオキシアセチルナイトレート(PAN)

(3)　塩素

(4)　塩化水素

(5)　エチレン

| 解　説 |

　大気汚染物質のうち、植物への毒性を強(数 ppb 〜数十 ppb で植物被害)、中(数
百 ppb 〜数 ppm で植物被害)、弱(数十 ppm 〜数千 ppm で植物被害)と分類したと
き、「強」に分類される物質に関する出題です。植物毒性＝強に分類される物質は、
次のとおりです。

①光化学オキシダント　オゾン、パーオキシアセチルナイトレート(PAN)

②ハロゲン系の有害物質　塩素、ふっ化水素、四ふっ化けい素(ただし塩化水素
　は除く)

③エチレン(植物に対するホルモン作用あり)

塩化水素は、ハロゲン化合物ではありますが、植物毒性は「弱」に分類されます。
したがって、(4)が誤りです。

正解 >> (4)

練習問題

問9　植物に対する毒性が比較的強く，数 ppb から数十 ppb の濃度レベルで植物被害が発生する大気汚染物質はどれか。

(1)　オゾン　　　　　　(2)　二酸化硫黄　　　　　(3)　二酸化窒素

(4)　一酸化炭素　　　　(5)　塩化水素

解　説

　前問とは逆に、植物毒性＝強の物質を選ぶ問題です。ここではオゾンがそれに当たります。

　二酸化硫黄、二酸化窒素は植物毒性＝中、一酸化炭素、塩化水素は植物毒性＝弱です。

　したがって、(1)が正解です。

POINT

　SO_x、NO_x は植物毒性＝中、ということを押さえておきましょう。

正解 >> （1）

第1章

第2章

第3章

第4章

第5章

第6章

第7章

第8章

練習問題

問10　大気汚染物質の植物に対する毒性の強さの順に左から並べたとき，正しいものはどれか。

(1) SO_2 ＞ HF ＞ CO

(2) SO_2 ＞ CO ＞ HF

(3) CO ＞ HF ＞ SO_2

(4) HF ＞ CO ＞ SO_2

(5) HF ＞ SO_2 ＞ CO

| 解　説 |

　植物毒性の強、中、弱の順番に物質を並べてある選択肢を選ぶ問題です。植物毒性が強い物質は、問題文中にある物質ではHF（ふっ化水素）、植物毒性が中程度の物質はSO_2、植物毒性が弱い物質はCOです。

　この順番になっているのは(5)となります。

| POINT |

　植物毒性が強い物質と、植物毒性が中程度の物質を押さえておけば解ける問題です。

正解 >> （5）

練習問題

問 9　植物に対する大気汚染物質の影響に関する記述として，誤っているものはどれか。

(1)　SO_2 は毒性が比較的強く，葉脈間等漂白斑点，落葉がみられる。

(2)　オゾンは毒性が比較的強く，小斑点，漂白斑点，色素形成等がみられる。

(3)　PAN は毒性が比較的強く，葉裏面の金属色光沢現象がみられる。

(4)　ふっ化水素は毒性が比較的強く，葉の先端・周縁枯死，クロロシス，落葉がみられる。

(5)　NO_2 は毒性が中程度で，葉脈間の白色・褐色，不定形斑点がみられる。

| 解　説 |

　植物に対する影響の現れ方と、植物毒性の強さを組み合わせた問題です。

　植物影響で非常に特徴的なのは、PANによる葉の裏面の金属光沢、ふっ化水素による葉の先端・周縁の枯死の2つです。この2つだけは、他にない特徴なので、しっかり押さえておきましょう。

　O_2、オゾン、NO_2の3つは、漂白斑点など、影響の現れ方は似ていますが、植物毒性はオゾン＝強、SO_2とNO_2＝中程度、ですので、(1)が誤りとなります。

正解 >> （1）

練習問題

問10　植物に対して，葉の先端・周縁の細胞や組織が枯死するという影響をもつ大気
　　汚染物質はどれか。

(1)　オゾン　　　　　　(2)　PAN　　　　　　(3)　NO_2

(4)　SO_2　　　　　　(5)　ふっ化水素

解　説

葉の先端、周縁の枯死、ときたら、ふっ化水素の植物影響の特徴です。

したがって、(5)が正解です。

7-7表2を覚えておきましょう。

正解 >> （5）

6 植物の大気汚染物質に対する感受性

植物の大気汚染物質に対する感受性や抵抗性は、植物の種類によって、また生育時期によって異なります。表3は、大まかな目安です。

表3　植物のSO₂、ふっ化水素、オゾンに対する感受性

植物	対 SO₂	対ふっ化水素	対オゾン
アルファルファ、インゲンマメ、オオムギ、クローバ、コムギ、ホウレンソウ、ライムギ	感受性高 （耐性弱）	感受性中	感受性高 （耐性弱）
ライラック、トウモロコシ	感受性低 （耐性強）	感受性中	感受性高 （耐性弱）
ブドウ	感受性中	感受性高 （耐性弱）	感受性高 （耐性弱）
モモ	感受性中	感受性高 （耐性弱）	感受性中
トマト	感受性中	感受性低 （耐性強）	感受性高 （耐性弱）
バラ	感受性低 （耐性強）	感受性中	感受性中
グラジオラス	感受性低 （耐性強）	感受性高 （耐性弱）	感受性低 （耐性強）
タマネギ	感受性低 （耐性強）	感受性低 （耐性強）	感受性高 （耐性弱）

7 植物による汚染物質の鑑別

原因究明調査の際、被害を受けた植物を用いて汚染物質を鑑定することがあります。

●被害を受けた植物の観察

肉眼観察が主な方法です。最近の大気汚染では、複数の物質による複合汚染の場合が多く、被害症状も複雑となりやすいので、単純に汚染物質を決定できないこともあり、注意が必要です。

●指標植物の利用

　指標生物／植物とは、ある特定の環境条件に対して、敏感に特異的な反応を示す生物、陸上の環境に対しては主に植物を用います。

　汚染度は定性的〜半定量的で、測定機器のように定量的な評価は困難ですが、広域にわたって連続的かつ長時間の環境汚染の現状や進行などの把握が可能です。

●葉分析による検出

　葉分析を行うことにより、気孔から侵入した物質の種類、濃度の検出が可能です。物質や元素が、その植物に対して特異な被害をもたらすほど、有効な検出法となります。重金属を含む粒子状物質が葉面に付着して吸収される場合などは、重金属の葉分析が効果的です。

表4　指標植物

SO$_x$	アルファルファ ソバ、ゴマ、アカマツ
ふっ素化合物	グラジオラス ブドウ、ソバ
オゾン	タバコ アサガオ、ホウレンソウ、サトイモ、ラッカセイ、インゲンマメ、トウモロコシ、ハツカダイコン
PAN	ペチュニア、フダンソウ
エチレン	カトレアの萼（がく）のしおれ、ゴマのつぼみの落下、キュウリの花の変化

⑧ 植物被害の軽減防除

　大気汚染物質の対策としては、発生源対策が最も重要ですが、植物側の対策として、大気汚染物質に対して抵抗性がある作物種や品種を選定栽培する方法があります。他に、栽培時期の変更（季節による汚染物質の濃度変化を考慮）や工場地域に緑地帯（植物緩衝地帯）設置する等の方法があります。

7-8 動物や器物に対する大気汚染物質の影響

> ここでは、大気汚染物質による動物や器物への影響について整理します。出題頻度は植物影響の方が高いですが、時々出題されることがあります。原因となる物質とその影響について理解しておきましょう。

1 動物に対する影響

●カイコの被害

クワの葉に付着・吸着した汚染物質をカイコが食べて異常を呈する場合とカイコが汚染物質に直接触れて障害が発現する場合があります（前者の事例が多い）。カイコは、ふっ素に対して極めて高い感受性（＝影響を受けやすい）を持っています。

汚染物質としては、ふっ素化合物、二酸化硫黄、塩素、よう素、重金属類、セメント粉じんなどが知られています。

●ウシなどの被害

ふっ素を30 〜 50ppm含む汚染飼料の長期摂取で歯や骨に変化発現することが知られています（ふっ素中毒症）。

2 器物に対する影響

●オゾンによるゴムのひび割れ

ゴム製品は、オゾンの強い酸化力でひび割れ、損傷を受けやすい傾向があります。

●文化財、建造物等の腐食

金属、石灰岩、砂岩などでつくられたものは、長い年月の間に硫黄酸化物や酸性雨などに侵され、次第に腐食損傷することが知られています。

練習問題

問9 大気汚染物質による植物，器物などへの影響に関する記述として，誤ってい
るものはどれか。

(1) オゾンは，葉に小斑点，漂白斑点などを発生させる。

(2) ふっ化水素は，葉の先端・周縁枯死を起こす。

(3) 塩素は，葉裏面の金属色光沢現象を起こす。

(4) オゾンは，ゴム製品のひび割れを起こす。

(5) 酸性降下物は，金属，石灰岩，砂岩などでつくられた文化財などの損傷を起
こす。

─────

| 解 説 ▶

　大気汚染物質による植物影響と、器物等への影響を組み合わせた問題です。

　植物影響として、オゾンの小斑点・漂白斑点、ふっ化水素の葉の先端・周縁枯死
は合っています。

　葉の裏面の金属色光沢現象は、PANによる影響であり、塩素ではありません。

　器物への影響として、オゾンによるゴム製品のひび割れ、酸性降下物による金属、
石灰岩、砂岩等の損傷は正しい内容です。

　したがって、(3)が誤りです。

正解 ≫ （3）

練習問題

問9　大気汚染の影響に関する記述として，誤っているものはどれか。

(1) SO_2 に暴露された植物は，主として葉の裏面が光沢化し，銀灰色又は青銅色を呈することが多い。

(2) ふっ化物を乾物当たり 30 ppm 以上含有するクワの葉を食べたカイコは発育不全に陥り，まゆを作らなくなる。

(3) ふっ化物を 30 〜 50 ppm 含む飼料を長期間与えると，ウシなどの反すう動物では，歯や骨に変化が発現することが米国で知られている。

(4) ゴム製品はオゾンの強い酸化力により，ひび割れて損傷を受けやすい。

(5) 金属，石灰岩，砂岩などで作られた彫刻や仏像などの文化財や歴史的建造物は，硫黄酸化物や酸性雨などに長期間さらされると損傷を受ける。

解説

これも、大気汚染物質による植物影響と、器物等への影響を組み合わせた問題です。植物影響として、葉の裏面の金属色光沢は、PANによる影響であり、SO_2 ではありません。<u>SO_2 の植物毒性の強さは中程度で、主な症状は葉脈間斑点、クロロシス、ネクロシス</u>です。

器物への影響として、ふっ素によるカイコ、ウシへの影響、オゾンによるゴム製品のひび割れ、硫黄酸化物や酸性雨による金属、石灰岩、砂岩等の損傷は正しい内容です。

したがって、(1)が誤りです。

正解 >> (1)

第 8 章

地方公共団体の施策

8-1 ばい煙発生施設等の届出
状況

8-1 ばい煙発生施設等の届出状況

第8章全体の出題頻度は、他の章に比べると低いのですが、まれに、届出施設数のランキング上位の施設などが出題されています。出題されそうなポイントのみ解説します。

1 概要

大気汚染防止に関する地方公共団体の施策については、基本的には大気汚染防止法の規制事務を行うことになりますので、ここまでに説明してきた規制の内容とほぼ重複します。

届出施設数のランキング上位の施設については表1のとおりです。

●ばい煙発生施設等の届出状況

大気汚染防止法に基づくばい煙発生施設等の規制対象施設の届出数が毎年公表されています。割合が多いものから上位3つくらいを押さえておきましょう。

表1　施行状況調査に基づく施設数のまとめ

令和2年度実績	総数（前年比）	上位3施設
ばい煙発生施設 （第6章6-1表2 参照）	216,753施設 （▲417施設減少）	①ボイラー　131,225施設（60.5％） ②ディーゼル機関　41,538施設（19.2％） ③ガスタービン　10,857施設（5.0％）
揮発性有機化合物排出施設	3,434施設 （▲70施設減少）	①印刷回路用銅張積層板、粘着テープ等に係る接着の用に供する乾燥施設　966施設（28.1％） ②塗装施設　725施設（21.1％） ③塗装の用に供する乾燥施設439施設（12.8％）
一般粉じん発生施設 （第6章6-4表1 参照）	70,869施設 （766施設増加）	①コンベア　41,338施設（58.3％） ②堆積場　12,835施設（18.1％） ③破砕機・摩砕機　9,947施設（14.0％）
特定粉じん発生施設	－	2007（平成19）年度末までにすべて廃止
特定粉じん排出等作業	16,457件 （▲2,161件減少）	①通常の解体工事等　16,429件 ②非常の事態の発生によるもの　28件
水銀排出施設 （第6章6-6表1 参照）	4,546施設 （▲42施設減少）	①廃棄物焼却炉　4,028施設（88.6％） ②石炭燃焼ボイラー　165施設（3.6％） ③小型石炭混燃ボイラー　123施設（2.7％）

第1章
第2章
第3章
第4章
第5章
第6章
第7章
第8章

練習問題 R1・問9を改変

問9 　令和3年度大気汚染防止法施行状況調査（令和2年度実績）に関する記述と
して、誤っているものはどれか。

(1) ばい煙発生施設数は，約217000施設である。

(2) 種類別のばい煙発生施設数は，ボイラーが最も多い。

(3) 特定粉じん発生施設は，2007（平成19）年度末までにすべて廃止されている。

(4) 種類別の一般粉じん発生施設数は，コンベアが最も多い。

(5) 種類別の揮発性有機化合物（VOC）排出施設数は，塗装の用に供する乾燥施
設が最も多い。

| 解　説 |

　　令和2年度実績では、ばい煙発生施設数は216,753施設で、施設種類別にもっと
も多いのはボイラーで約60％強を占めています。一般粉じん発生施設数で最も多
いのはコンベアで、こちらも約60％弱を占めています。

　　VOC排出施設数でもっとも多いのは、「印刷回路用銅張積層板、粘着テープ若し
くは粘着シート、はく離紙又は包装材料の製造に係る接着の用に供する乾燥施設」
であり、28.1％を占めています。第2位が塗装施設（21.1％）で、塗装の用に供する
乾燥施設は12.8％で第3位です。

　　したがって、(5)が誤りです。

正解 >> （5）

練習問題 H28・問10を改変

問10　環境省の2021（令和3）年度大気汚染防止法施行状況調査（令和2年度実績）によると、揮発性有機化合物（VOC）の排出施設として、もっとも数が多いものはどれか。

(1)　塗装施設

(2)　塗装用の乾燥施設

(3)　粘着テープ又は包装材料等の製造に係る接着用の乾燥施設

(4)　工業用の洗浄施設

(5)　揮発性有機化合物の貯蔵タンク

| 解　説 |

　前問と同様、VOC排出施設で最も施設数が多いのは、粘着テープや包装材料等の接着用の乾燥施設です。セロハンテープ、ガムテープ、付箋紙、シール等が製品としてイメージできます。VOCの排出施設として、塗装からの排出量が多いことから、塗装施設、あるいは塗装の乾燥施設と思いがちですが、塗装は2位、塗装の乾燥施設は3位となっています。

　したがって、(3)がもっとも施設数が多いものになります。

正解 >> （3）

練習問題 R4・問8を改変

問8 2020（令和2）年度実績として，大気汚染防止法に規定されるばい煙発生施設のうち，次の4施設を施設数の多い順に並べたとき，正しいものはどれか。

(1) ガスタービン ＞ ディーゼル機関 ＞ 乾燥炉 ＞ 廃棄物焼却炉

(2) ディーゼル機関 ＞ ガスタービン ＞ 乾燥炉 ＞ 廃棄物焼却炉

(3) 廃棄物焼却炉 ＞ ディーゼル機関 ＞ 乾燥炉 ＞ ガスタービン

(4) 乾燥炉 ＞ ディーゼル機関 ＞ ガスタービン ＞ 廃棄物焼却炉

(5) ディーゼル機関 ＞ 乾燥炉 ＞ ガスタービン ＞ 廃棄物焼却炉

| 解 説 ▶

ばい煙発生施設数の上位の順位に関する問題です。施設数の1位はボイラーで、施設数全体の60％強を占めています。この設問では、1位のボイラーを除いた2位以下の順位について問うています。選択肢に挙げられている施設では、2位：ディーゼル機関19.2％、3位：ガスタービン5.0％、5位：乾燥炉3.0％、6位：廃棄物焼却炉2.1％です。なお、4位は金属鍛造・圧延加熱・熱処理炉：3.4％です。

ばい煙発生施設数のトップ3が、1位：ボイラー、2位：ディーゼル機関、3位：ガスタービンであることを知っていれば解ける問題です。

したがって、(2)が正解です。

正解 ≫ （2）

公害防止管理者等国家試験　大気概論

重要ポイント&精選問題集

©2023　一般社団法人 産業環境管理協会

2023年6月20日　発行	
発行所	**一般社団法人 産業環境管理協会**
	東京都千代田区内幸町1-3-1
	（幸ビルディング）
	TEL　03（3528）8152
	FAX　03（3528）8164
	https://www.e-jemai.jp
発売所	**丸善出版株式会社**
	東京都千代田区神田神保町2-17
	TEL　03（3512）3256
	FAX　03（3512）3270
印刷所	**三美印刷株式会社**
装丁／本文デザイン	**株式会社hooop**

ISBN978-4-86240-212-7　　　　　　　　Printed in Japan